Klasse 8-13

H.-J. Schmidt & F. Heitmann

Mathematik für den Beruf

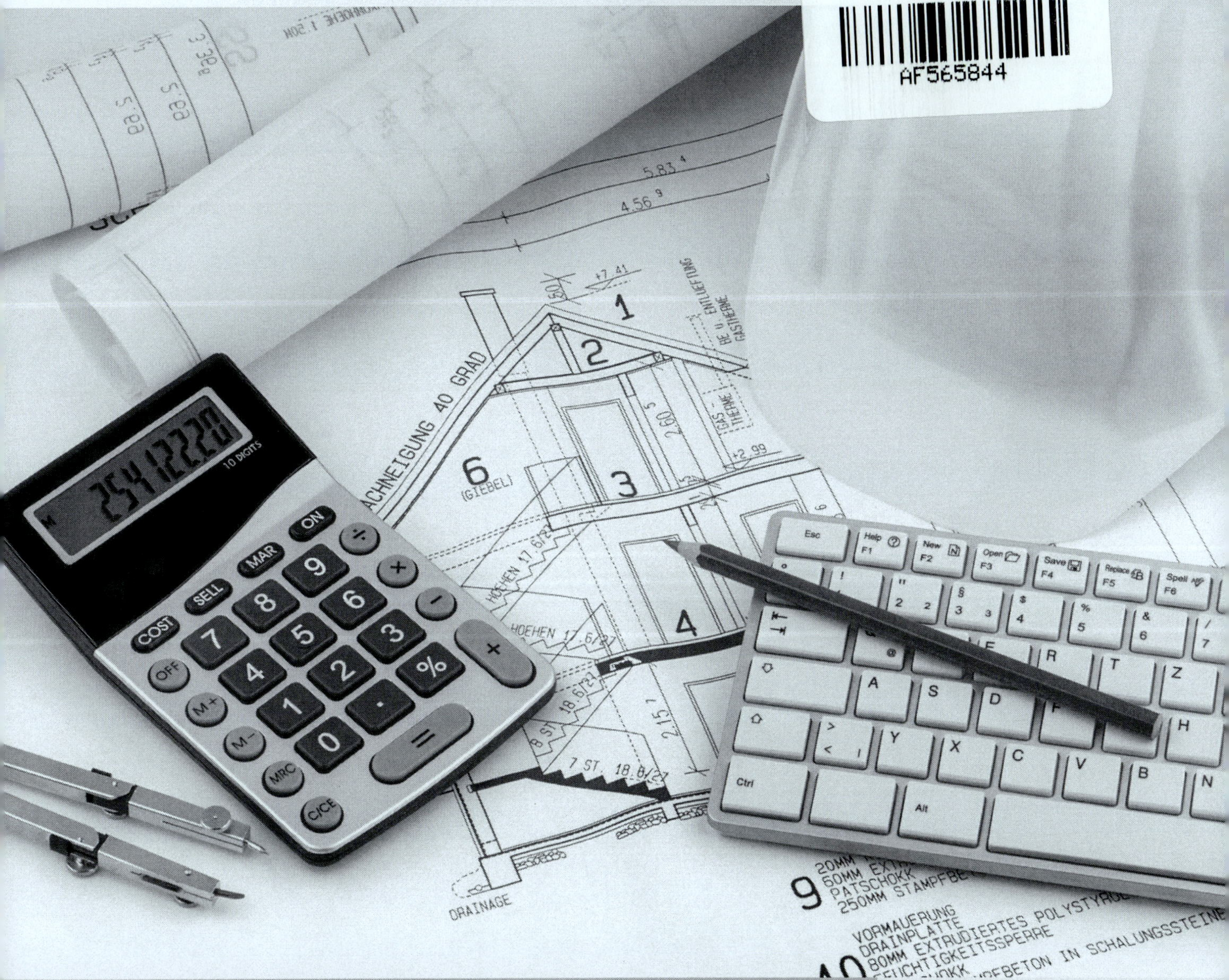

Alltagsgerecht und anwendungsorientiert

Mathe für den Beruf

10. Auflage 2026

Inhalt: Hans-J. Schmidt & Friedhelm Heitmann
Coverbilder: © Abbasy Kautsar & Gina Sanders - AdobeStock.com
Redaktion: Kohl-Verlag
Grafik & Satz: Kohl-Verlag
Druck: Druckerei Flock, Köln

Bestell-Nr. 11 704

ISBN: 978-3-95686-675-3

Weitere Bildquellen:

Seite 4 © Anthonycz, atScene, T. Michel, bahram7, val2014, Gennady Poddubmy, mag, reeel, Kalmatsui, demidoff, fotomek, Alex White, mallinka1, manu, Xendim & namosh - fotolia.com
Seite 29 © bahram7, val2014 & reeel - fotolia.com
Seite 30 © SApart Foto - fotolia.com
Seite 32 © namosh, atScene, bahram7, val2014, Gennady Poddubmy, mag & T. Michel - fotolia.com
Seite 34 © Anthonycz, atScene, T. Michel, val2014, Gennady Poddubmy, mag, Kalmatsui, demidoff & namosh - fotolia.com
Seite 38 © Anthonycz, atScene, T. Michel, val2014, Gennady Poddubmy, mag & namosh - fotolia.com
Seite 42 © Anthonycz, atScene, T. Michel, val2014, Gennady Poddubmy, mag & namosh - fotolia.com
Seite 46 © namosh, atScene, val2014, Gennady Poddubmy, mag & T. Michel - fotolia.com

Kontakt: Kohl-Verlag, An der Brennerei 37-45, 50170 Kerpen
Tel: +49 2275 331610, Mail: info@kohlverlag.de

INHALT

KOHL VERLAG
Mathe für den Beruf
Alltagsgerecht und anwendungsorientiert – Best.-Nr. 11 704

Vorwort und Einteilung der Berufsfelder

Den Schulen stellt sich die Aufgabe, ihre Schülerinnen und Schüler auf das spätere Berufsleben vorzubereiten. Jeder Lehrer kennt die beliebte, aber oft frustrierende Frage seiner Schützlinge, wofür denn der Lehrstoff im späteren Leben überhaupt gebraucht würde.
Und in der Tat ist es vielfach so, dass in den unterschiedlichen Berufen auch sehr unterschiedliche Anforderungen zum mathematischen Grundverständnis der Auszubildenden abverlangt werden. So ist beispielsweise der Satz des Pythagoras in den Bauberufen eine wichtige Grundlage, während er für Friseure, Tierpfleger oder Köche eine eher untergeordnete Disziplin darstellt. Der vorliegende Band richtet sich an die Lehrer und an Schüler, die im Übergang von Schule zur Berufsschule stehen. Wir haben uns bemüht, Aufgaben zu kreieren, die gezielt die Grundlagen in den einzelnen Disziplinen ansprechen. Die Aufgaben sind in verschiedenen Niveaus, so dass jedem Schüler individuell lösbare Aufgaben zur Verfügung stehen.
Der vorliegende Band ist in elf mathematische Themenbereiche gegliedert, die sie dem Inhaltsverzeichnis entnehmen können. Jeder Bereich ist mit den entsprechenden Symbolen des jeweiligen Berufsfeldes gekennzeichnet, so dass eine schnelle Orientierung möglich ist. Zu Beginn jedes mathematischen Themenbereichs folgen auf einer Seite einleitende Bemerkungen.
Wir wünschen Ihnen und Ihren Schülern viel Erfolg mit dem vorliegenden Werk.

Hans J. Schmidt und *Friedhelm Heitmann*

Symbol	Berufsfeld	Symbol	Berufsfeld
	Bau		Naturwissenschaften
	Elektronik	112	Öffentlicher Arbeitgeber
	Gastgewerbe, Hauswirtschaft, Nahrungsmittelherstellung		Raum-, Form-, Farbgestaltung und Medientechnik
	Gesundheitswesen		Sozialarbeit und Erziehung
	Holzbearbeitung		Textil und Bekleidung
	IT und Medien		Tierpflege und Agrarwirtschaft
WC	Klima, Heizung und Sanitär		Verkehr und Logistik
	Körperpflege		Vertrieb und Verkauf
	Metallbearbeitung	§	Wirtschaft und Verwaltung

Allgemeine Hinweise zur Bearbeitung von Textaufgaben

Zur Bearbeitung vieler mathematischer Aufgaben ist es hilfreich, einen **Lösungsplan** zur Hand zu haben. Das systematische Abarbeiten des Planes bietet Sicherheit und schaft Routine.

Lege dir den Lösungsplan neben dein Aufgabenblatt und hake die einzelnen Punkte der Reihe nach ab.

☐ **Lies** dir die Aufgaben mehrmals **sehr genau durch**!

☐ Nutze Farbstifte und Textmarker und **unterstreiche das Wesentliche** im Text, vor allem Zahlen und ihre Benennungen (Maßeinheiten ...)!

☐ Je nach Aufgabengebiet ist es oft hilfreich, sich eine **Handskizze** zum Sachverhalt anzufertigen!

☐ Schreibe stichwortartig auf, was bekannt (= gegeben) ist!
Gegeben: ___________

☐ Schreibe stichwortartig auf, wonach gefragt (= gesucht) ist!
Gesucht: ___________

☐ Häufig wird zur Lösung der Aufgabe eine **Formel** benötigt.
Manchmal muss die Formel umgestellt werden.
Schreibe die Formel(n) auf und setze die gegebenen Zahlen an der richtigen Stelle in die Formel(n) ein!

☐ **Rechne** die Aufgabe schriftlich aus!

☐ **Überprüfe** deine Rechnung(en) und dein Endergebnis!
Kann das Ergebnis wirklich stimmen? Ist es logisch?
Manchmal hilft es dir, eine Probe zu machen.

☐ **Unterstreiche** in der Rechnung das Endergebnis doppelt!

☐ Schreibe abschließend einen kurzen, verständlichen **Antwortsatz** auf!

KOHL VERLAG Mathe für den Beruf
Alltagsgerecht und anwendungsorientiert – Best.-Nr. 11 704

1 Grundrechenarten

Alle Berufsfelder

Es gibt die 4 Grundrechenarten:

– Addition (= Plusrechnung), ➡ **+**

– Subtraktion (= Minusrechnung), ➡ **–**

– Multiplikation (= Malnehmen), ➡ **•**

– Division (= Teilen), ➡ **:**

Das Ergebnis der Addition heißt Summe.
Das Ergebnis der Subtraktion heißt Differenz.
Das Ergebnis der Multiplikation heißt Produkt.
Das Ergebnis der Division heißt Quotient.

Das Gegenteil zur Addition ist die Subtraktion und umgekehrt.

Beispiel: 53 + 29 = 82 82 – 29 = 53

Das Gegenteil zur Multiplikation ist die Division und umgekehrt.

Beispiel: 14 • 7 = 98 98 : 7 = 14

Bei der **Addition** und bei der **Multiplikation** darf man die Reihenfolge der Zahlen, die man addiert bzw. multipliziert, **miteinander vertauschen**, ohne dass sich das Ergebnis ändert.

Beispiele:
44 + 38 = 82 38 + 44 = 82
13 • 6 = 78 6 • 13 = 78

Nicht miteinander vertauschen darf man bei der **Subtraktion** und bei der **Division** die Reihenfolge der Zahlen, die subtrahiert bzw. dividiert werden, sonst ändert sich das Ergebnis.

Beispiele:
94 – 56 = 38 56 – 94 = – 38
48 : 6 = 8 6 : 48 = 0,125

Beispiele für schriftliche Rechnungen:

Addition:

		4,	3	1
+		0,	4	9
+	1	6,	8	1
	2	1,	6	1

Subtraktion:

	4	9,	0	9
–		2,	5	2
–	1	8,	4	6
	2	8,	1	1

oder

	4	9,	0	9
–		2,	5	2
	4	6,	5	7

	4	6,	5	7
–	1	8,	4	6
	2	8,	1	1

Multiplikation:

4	5,	9	•	2,	0	8
		9	1	8		
			0	0	0	
			3	6	7	2
		9	5,	4	7	2

Division:

```
607,2 : 12 = 50,6
60
 07
 00
  72
  72
   0
```

1 Grundrechenarten

Aufgabe 1

Addiere schriftlich.

a) 2758 + 9606 + 9575 + 189

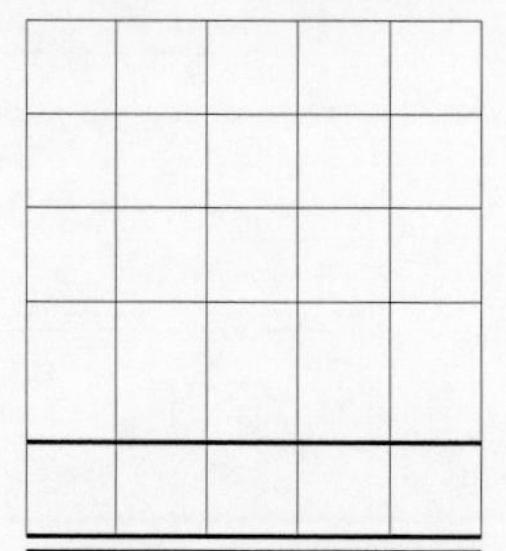

b) 5316 + 3173 + 8125 + 1492

Aufgabe 2

Addiere schriftlich.

a)

	7	2	8	9	3
+		5	9	9	1
+	1	5	7	6	3
+	2	4	0	4	9

b)

	6	7	8	7	0	0
+	4	9	6	5	4	2
+	6	1	6	5	6	4

Aufgabe 3

Addiere schriftlich.

	6	3	4
+		5	8
+		8	9
+	9	4	1
+		2	7
+	1	3	3
+	5	2	3
+		5	9
+	7	4	2
+	3	0	8
+	7	0	9

Aufgabe 4

Subtrahiere schriftlich.

a)

	8	3	3
–	4	8	1

b)

	9	1	9
–	2	6	8

c)

	7	7	9
–	5	3	4

Aufgabe 5

Subtrahiere schriftlich.

a) 9758 – 1206 – 975 – 2189

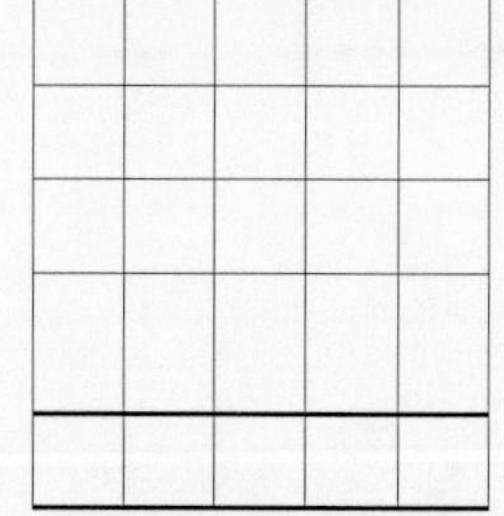

b) 7316 – 3173 – 879 – 1492

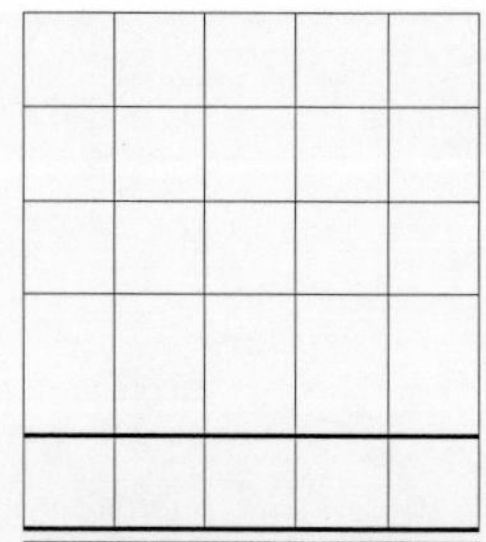

Aufgabe 6

Subtrahiere schriftlich.

a)

	7	1	0	2	3
–		5	9	9	1
–		7	7	6	3
–	2	8	3	1	5

b)

	6	7	8	7	0	0
–	1	9	6	5	4	2
–	2	1	6	5	6	4

Aufgabe 7 Prüfe, ob alle Aufgaben korrekt gelöst wurden.

a)

	5	1	1	0	6
–	2	3	5	1	8
	1	1	1	1	
	1	7	5	8	8

b)

	3	9	7	1	7
–		6	5	6	9
	3	3	2	5	2

c)

	6	0	3	1	7
–		4	5	1	8
	1	1	1	1	
	5	5	7	9	9

d)

	4	8	4	4	0
–	3	1	8	7	6
	1	1	1	1	
	2	6	5	6	4

Mathe für den Beruf
Alltagsgerecht und anwendungsorientiert – Best.-Nr. 11 704

Aufgabe 8

Berechne schriftlich.

a) 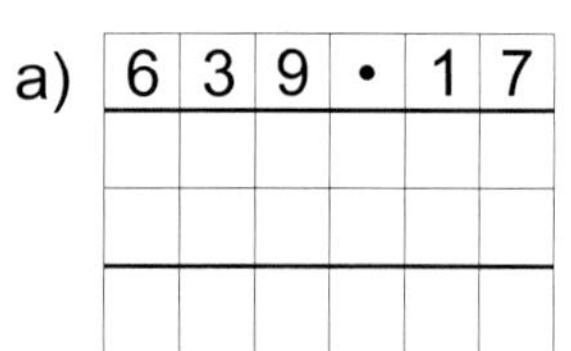

b) 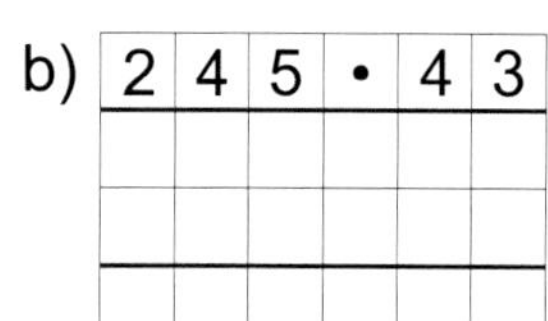

c) 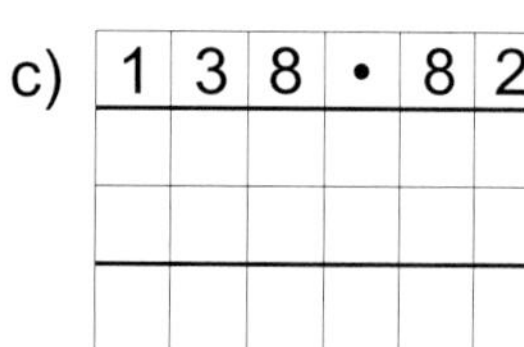

d) 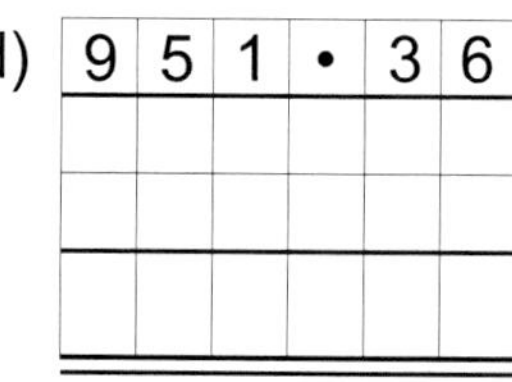

e) 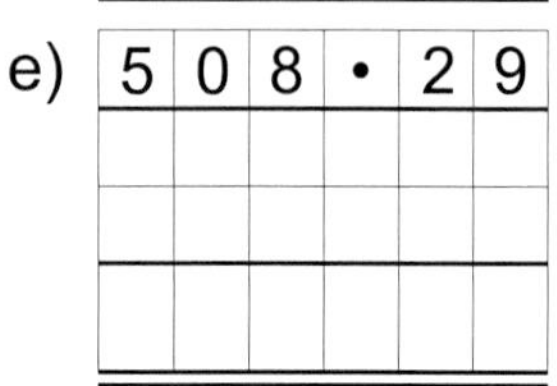

f) 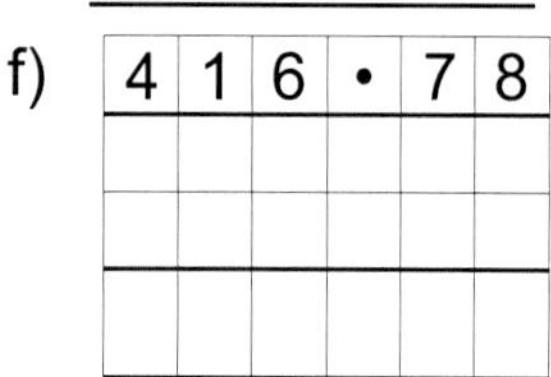

g) 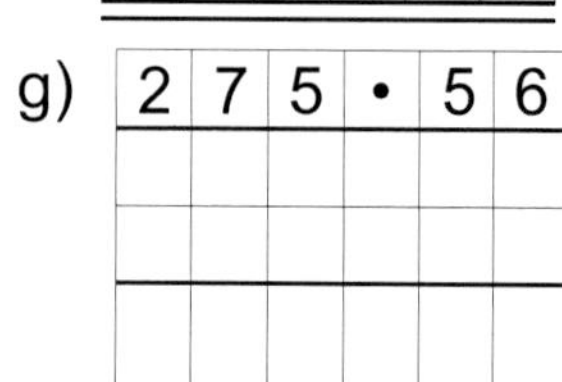

h) 6 6 8 • 7 4

Aufgabe 9

Berechne schriftlich.

a) 5 2 6 • 2 7 1

b) 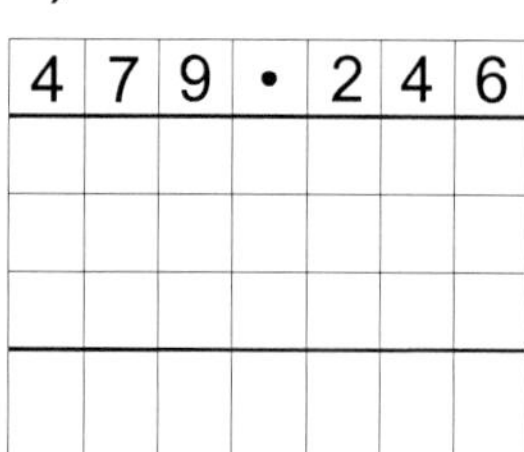

c) 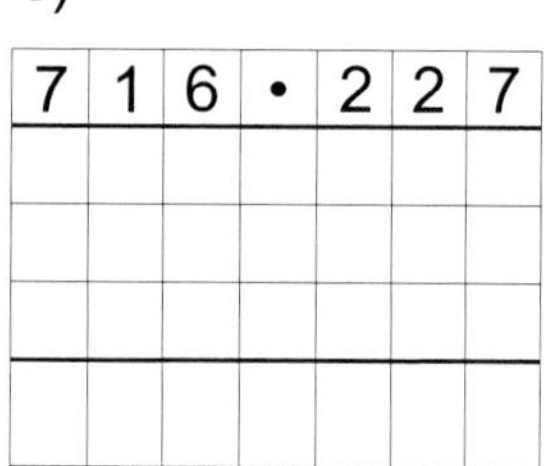

d) 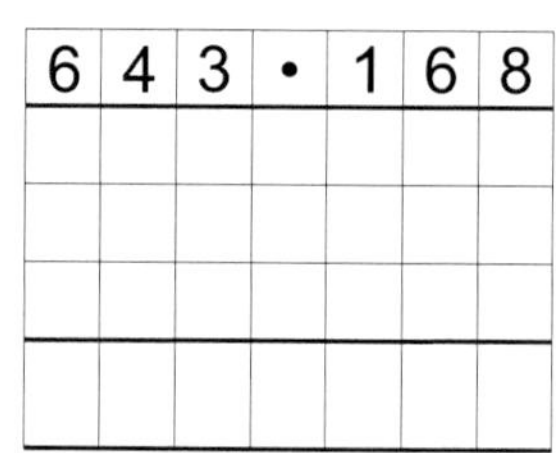

Aufgabe 10

Dividiere schriftlich.

a) 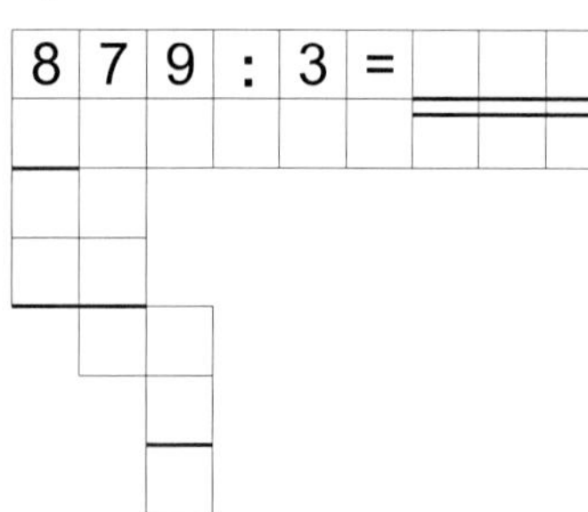

b) 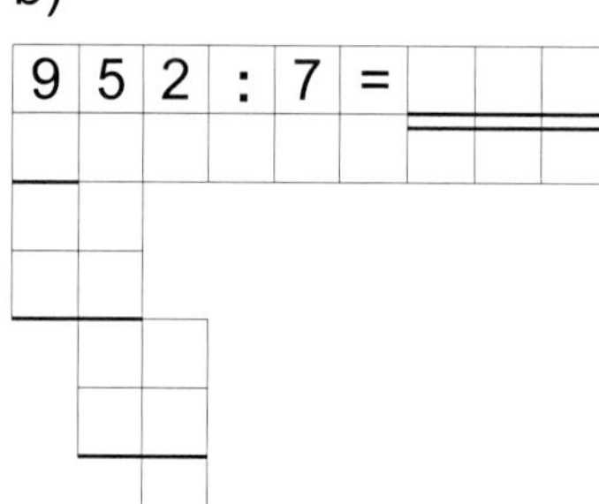

c) 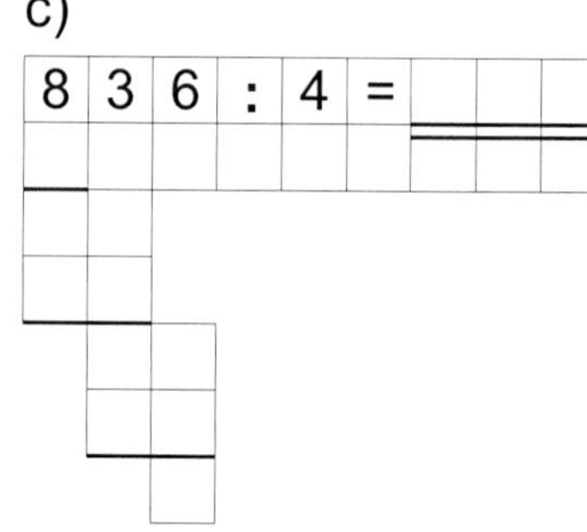

d) 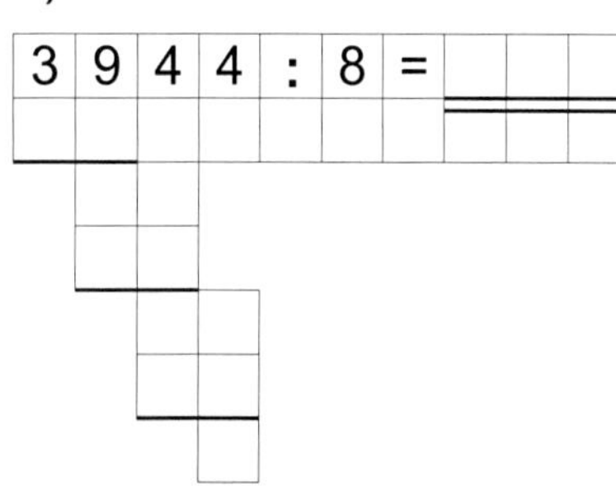

e) 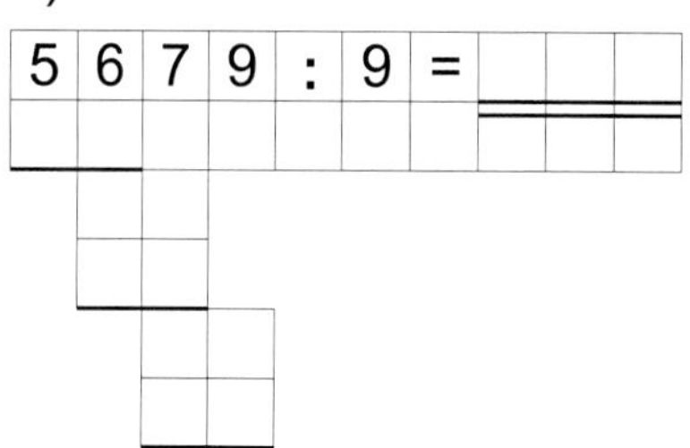

f) 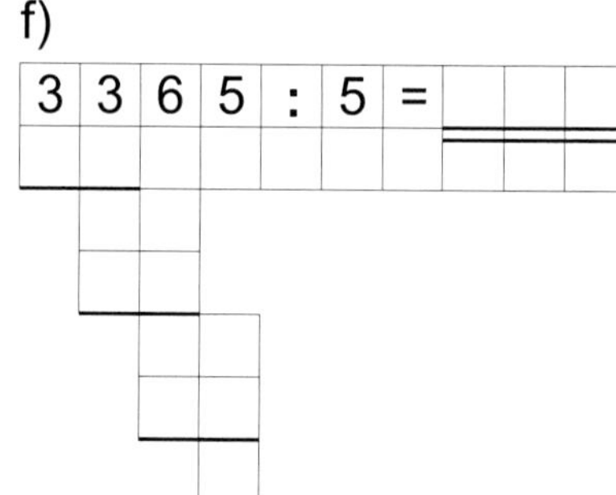

Aufgabe 11

Janine spart von ihrem Taschengeld jede Woche 4 €. Nach wie vielen Wochen hat sie 72 € gespart?

KOHL VERLAG
Mathe für den Beruf
Alltagsgerecht und anwendungsorientiert – Best.-Nr. 11 704

Aufgabe 12

Ein Zug legt in einer Minute eine Strecke von 4 km zurück. Wie lange braucht er für eine Strecke von 188 km?

Aufgabe 13

Eine Wettgemeinschaft hat 72000 € im Lotto gewonnen. Jedes Mitglied der Wettgemeinschaft erhielt 6000 €. Wie viele Personen waren beteiligt?

Aufgabe 14

Lord Fountleroi zehrt von den Zinsen seines väterlichen Erbes, die ihm monatlich 45376 £ einbringen. Sein Butler verdient monatlich 5671 £, seine Köchin 3987 £, seine Putzfrau 3763 £, sein Gärtner 2987 £, der Chauffeur 4076 £ und sein Sekretär 8064 £. Wie viel Geld bleibt ihm noch für die sonstigen Ausgaben, die solch ein hochherrschaftlicher Haushalt mit sich bringt?

Aufgabe 15

Das Stadion eines Fußballvereins fasst 79600 Zuschauer. Der Kartenverkaufsmanager hat erfahren, dass in den verschiedenen Vorverkaufsstellen 16917, 2367, 20169, 7128 und 12021 Karten verkauft worden sind. Wie viele Karten müssen noch verkauft werden, damit das Stadion voll wird?

Aufgabe 16

Du kannst aus den Ziffern 4, 7, 3 und 9 verschiedene vierstellige Zahlen bilden, bei denen keine Ziffer doppelt vorkommt. Berechne die Differenz aus der größten und der kleinsten Zahl.

Aufgabe 17

Der Hotelier Franz Reimers ist überaus zufrieden. Sein Hotel „Zum weißen Hirschen" mit 73 Doppel- und 17 Einzelzimmer ist voll belegt. Für ein Einzelzimmer berechnet er 52 € pro Tag, für ein Doppelzimmer 85 €. Berechne die Gesamteinnahmen für einen Monat mit 31 Tagen.

Aufgabe 18

Die Rap-Gruppe „The Quietsch-Boys" gab ein Konzert in der Arena *O* (Arena Oberhausen). Es wurden 2350 Karten zu 42 €, 3900 Karten zu 52 € und 3250 Karten zu 62 € verkauft. Wie viel Geld nahm der Veranstalter ein?

Aufgabe 19

Ein Bauunternehmer beschäftigt 8 Maurer und 3 Hilfskräfte. Die Maurer haben einen Stundenlohn von 19,50 €, die Hilfskräfte verdienen den Mindestlohn von 8,50 € in der Stunde. Wie viel Geld muss der Bauunternehmer für eine 38-Stunden-Woche an seine Leute bezahlen?

Aufgabe 20

Mit „Jetzt kaufen, später bezahlen" wirbt die Firma Merkur und bietet ein Fernsehgerät zu 1020 € an, dass in 30 Monatsraten abgezahlt werden kann. Wie hoch ist eine Monatsrate?

KOHL VERLAG Mathe für den Beruf
Alltagsgerecht und anwendungsorientiert – Best.-Nr. 11 704

2 Bruchrechnung

Alle Berufsfelder

Brüche bestehen jeweils aus dem Zähler, dem Bruchstrich und dem Nenner.

Beispiel:

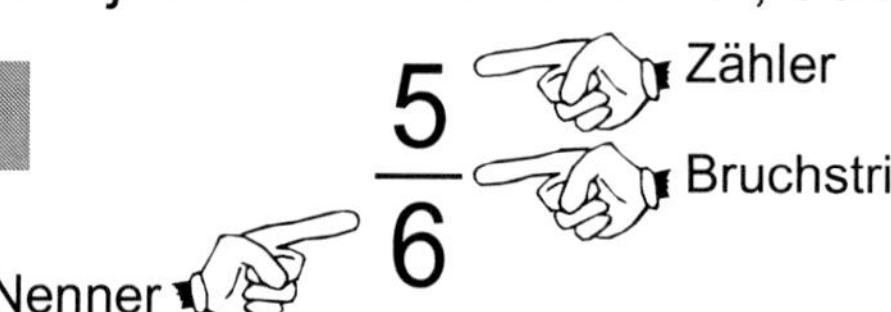

$\frac{5}{6}$ (gezeichnet) 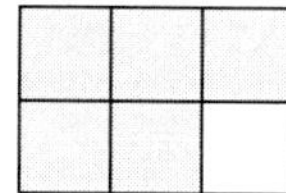

Der Nenner besagt, in wie viele gleiche Teile das Ganze aufgeteilt ist.
Der Zähler gibt an, wie viele Teile davon (wirklich) vorliegen.

Bruchteile natürlicher Zahlen lassen sich so berechnen: Die natürliche Zahl wird durch den Nenner des Bruches geteilt. Danach wird das Ergebnis mit dem Zähler malgenommen.

Beispiel: $\frac{3}{5}$ von 20; $20 : 5 = 4$ $4 \cdot 3 = 12$ $\frac{3}{5}$ von $20 = 12$

Brüche lassen sich **erweitern**, indem man den Zähler und den Nenner mit derselben natürlichen Zahl malnimmt. Dabei ändert sich der Wert des Bruches nicht.

Beispiel: $\frac{3}{4} \frac{\cdot 2}{\cdot 2} = \frac{6}{8}$ 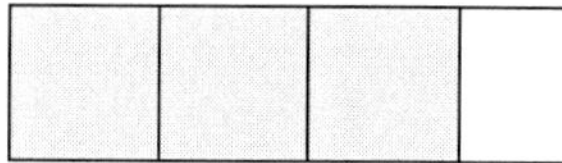 =

Brüche lassen sich **kürzen**, indem man den Zähler und den Nenner durch dieselbe natürliche Zahl teilt. Auch beim Kürzen ändert sich der Wert des Bruches nicht.

Beispiel: $\frac{10}{15} \frac{:5}{:5} = \frac{2}{3}$ =

Addition und Subtraktion von Brüchen:

Nur gleichnamige Brüche (= Brüche mit demselben Nenner) dürfen addiert bzw. subtrahiert werden. Durch Erweitern bzw. Kürzen können Brüche gleichnamig gemacht werden.
Sind die Brüche gleichnamig oder gleichnamig gemacht worden, werden die Zähler addiert bzw. subtrahiert, der Nenner wird beibehalten.

Beispiele: $\frac{1}{2} + \frac{1}{3} = \frac{3}{6} + \frac{2}{6} = \frac{5}{6}$ $\frac{3}{4} - \frac{1}{5} = \frac{15}{20} - \frac{4}{20} = \frac{11}{20}$

Multiplikation und Division von Brüchen:

Bei der Multiplikation gilt die Regel: Die Zähler werden für sich miteinander malgenommen, die Nenner ebenfalls. Bei der Division wird der erste Bruch mit dem Kehrwert (= Umkehrung) des zweiten Bruches malgenommen.

Beispiele: $\frac{2}{3} \cdot \frac{4}{5} = \frac{8}{15}$ $\frac{1}{6} : \frac{2}{3} = \frac{1}{6} \cdot \frac{3}{2} = \frac{3}{12} = \frac{1}{4}$

Brüche lassen sich umwandeln in Dezimalzahlen (= Dezimalbrüche) und Prozentsätze (= Prozentzahlen)

Beispiele: $\frac{1}{4} = 0{,}25$, denn $1 : 4 = 0{,}25$ $\frac{1}{4} = 25\ \%$, denn $0{,}25 \cdot 100 = 25$

Unechte Brüche (= Zähler ist größer als der Nenner) können in gemischte Zahlen umgewandelt werden und gemische Zahlen in unechte Brüche.

Beispiele: $\frac{7}{5} = 1\frac{2}{5}$ $\frac{17}{3} = 5\frac{2}{5}$ $7\frac{2}{3} = \frac{23}{3}$ $2\frac{5}{7} = \frac{19}{7}$

KOHL VERLAG
Mathe für den Beruf
Alltagsgerecht und anwendungsorientiert – Best.-Nr. 11 704

2 Bruchrechnung

Aufgabe 1

Fülle die Tabellen aus. Kürze so weit wie möglich.

1. Summand	$15\frac{3}{5}$	$9\frac{11}{19}$	$5\frac{5}{7}$	$6\frac{7}{10}$
2. Summand	$7\frac{4}{5}$	$4\frac{13}{19}$	$8\frac{3}{7}$	$3\frac{9}{10}$
Summe				

Minuend	$4\frac{3}{14}$	$10\frac{1}{6}$	$12\frac{2}{11}$	15
Subtrahend	$2\frac{9}{14}$	$7\frac{5}{6}$	$7\frac{5}{11}$	$8\frac{2}{3}$
Differenz				

Aufgabe 2

Addiere bzw. subtrahiere die Brüche. Kürze so weit wie möglich.

a) $1\frac{5}{7} + 3\frac{4}{7} + 2\frac{1}{7} + \frac{6}{7} =$ b) $8\frac{7}{12} - 5\frac{11}{12} =$ c) $4\frac{2}{9} - 1\frac{8}{9} =$

Aufgabe 3

Bringe auf den Hauptnenner und addiere bzw. subtrahiere.

a) $\frac{11}{12} + \frac{3}{8}$ b) $\frac{11}{12} - \frac{3}{8}$ c) $5\frac{4}{5} + \frac{1}{2}$ d) $5\frac{4}{5} - \frac{1}{2}$

Aufgabe 4

Fülle die Tabellen aus.

1. Summand	$15\frac{3}{5}$	$9\frac{1}{2}$	$1\frac{1}{6}$	$4\frac{7}{10}$
2. Summand	$7\frac{2}{3}$	$4\frac{2}{3}$	$2\frac{3}{4}$	$2\frac{9}{20}$
Summe				

Minuend	$4\frac{3}{10}$	$9\frac{2}{3}$	$11\frac{4}{15}$	$5\frac{1}{2}$
Subtrahend	$2\frac{1}{5}$	$4\frac{1}{4}$	$8\frac{5}{6}$	$1\frac{1}{9}$
Differenz				

Aufgabe 5

Bringe auf den Hauptnenner und addiere bzw. subtrahiere.

a) $5\frac{1}{4} + 3\frac{2}{5} + 1\frac{3}{10} =$ b) $2\frac{5}{12} + 1\frac{2}{3} + 4\frac{5}{6} =$

c) $18\frac{2}{3} - 5\frac{1}{4} - 1\frac{3}{12} =$ d) $12\frac{5}{8} - 2\frac{2}{3} - 7\frac{5}{6} =$

e) $11\frac{1}{2} + 5\frac{1}{3} - 7\frac{3}{4} =$ f) $15\frac{5}{6} - 2\frac{1}{4} + 7\frac{2}{3} =$

Aufgabe 6

Bringe auf den Hauptnenner und addiere bzw. subtrahiere.

a) $31\frac{1}{7} - 8\frac{2}{3} - 2\frac{3}{21} + 9\frac{1}{2} =$

b) $13\frac{4}{9} - 2\frac{5}{6} + 7\frac{3}{4} + 4\frac{11}{12} =$

Aufgabe 7

a) Subtrahiere von der Summe aus $3\frac{1}{7}$ und $1\frac{3}{7}$ die Differenz dieser beiden Zahlen.

b) Subtrahiere von $5\frac{3}{8}$ die Differenz aus $2\frac{1}{8}$ und $\frac{7}{8}$.

c) Addiere zur Summe aus $\frac{11}{15}$ und $\frac{8}{15}$ die Differenz der Zahlen $\frac{13}{15}$ und $\frac{7}{15}$.

d) Subtrahiere die Summe der Zahlen $2\frac{3}{10}$ und $3\frac{5}{6}$ von $18\frac{4}{5}$.

e) Subtrahiere von der Differenz der Zahlen $17\frac{1}{2}$ und $5\frac{3}{5}$ die Summe der Zahlen $2\frac{1}{4}$ und $3\frac{1}{6}$.

KOHL VERLAG
Mathe für den Beruf
Alltagsgerecht und anwendungsorientiert – Best.-Nr. 11 704

2 Bruchrechnung

Aufgabe 8

Berechne.

a) $\frac{1}{2} \cdot 5 =$ b) $\frac{5}{8} \cdot 3 =$ c) $3 \cdot \frac{5}{7} =$ d) $9 \cdot \frac{3}{4} =$

e) $\frac{7}{10} \cdot 5 =$ f) $\frac{3}{5} \cdot 9 =$ g) $12 \cdot \frac{2}{3} =$ h) $18 \cdot \frac{5}{6} =$

Aufgabe 9

a) $\frac{10}{13} : 5 =$ b) $\frac{5}{6} : 4 =$ c) $\frac{18}{25} : 6 =$

d) $\frac{8}{15} : 4 =$ e) $\frac{7}{8} : 3 =$ f) $\frac{6}{7} : 9 =$

g) $\frac{4}{7} : 2 =$ h) $\frac{7}{9} : 2 =$ i) $\frac{3}{4} : 9 =$

Aufgabe 10

a) $3\frac{2}{3} \cdot 7 =$ b) $5\frac{3}{4} \cdot 3 =$ c) $1\frac{7}{8} \cdot 4 =$

d) $2\frac{1}{4} : 3 =$ e) $7\frac{2}{5} : 4 =$ f) $5\frac{5}{8} : 9 =$

g) $4\frac{1}{2} \cdot 5 =$ h) $2\frac{7}{9} \cdot 6 =$ i) $3\frac{4}{5} : 6 =$

j) $3\frac{1}{2} : 2 =$ k) $53\frac{1}{5} : 19 =$ l) $76\frac{2}{3} : 7 =$

Aufgabe 11

Berechne das Produkt der drei Brüche. Kürze vor dem Ausrechnen.

a) $\frac{4}{5} \cdot \frac{2}{3} \cdot \frac{3}{8}$ b) $\frac{3}{4} \cdot \frac{8}{9} \cdot \frac{1}{2}$ c) $\frac{2}{9} \cdot \frac{8}{11} \cdot \frac{11}{12}$

Aufgabe 12

Schreibe die gemischten Zahlen als unechte Brüche. Kürze - wenn möglich - vor dem Ausrechnen.

a) $1\frac{1}{3} \cdot 2\frac{5}{6}$ b) $7\frac{2}{7} \cdot 1\frac{5}{6}$ c) $2\frac{5}{8} \cdot 4\frac{1}{3}$

d) $4\frac{2}{3} \cdot 1\frac{2}{7}$ e) $2\frac{1}{5} \cdot 4\frac{1}{11}$ f) $7\frac{7}{9} \cdot 2\frac{3}{10}$

Aufgabe 13

a) $\frac{2}{3} : \frac{4}{5}$ b) $\frac{3}{7} : \frac{5}{4}$ c) $\frac{10}{21} : \frac{5}{7}$

Aufgabe 14

Dividiere.

a) $\frac{1}{2} : 1\frac{1}{4}$ b) $\frac{5}{6} : 3\frac{1}{4}$ c) $\frac{6}{7} : 2\frac{2}{3}$

d) $4\frac{2}{3} : 1\frac{1}{5}$ e) $5\frac{1}{2} : 3\frac{1}{4}$ f) $3\frac{3}{8} : 4\frac{1}{2}$

g) $2\frac{2}{7} : 1\frac{1}{3}$ h) $8\frac{5}{9} : 3\frac{1}{18}$ i) $9\frac{3}{4} : 7\frac{3}{7}$

KOHL VERLAG
Mathe für den Beruf
Alltagsgerecht und anwendungsorientiert – Best.-Nr. 11 704

Aufgabe 15

Eine Unze Gold wiegt ungefähr $28\frac{1}{3}$ g.
Der Goldgräber Johnny Nepp hatte einmal sagenhaftes Glück und fand einen Goldklumpen von sage und schreibe $240\frac{5}{6}$ g. Wie viele Unzen sind das?

Aufgabe 16

Der alte Duke of Nottingham vermachte seinem einzigen Sohn William 492 000 £. Dieser behielt $\frac{7}{10}$ des Geldes. Von der restlichen Summe gab er $\frac{3}{5}$ seinem Sohn Jim und seiner Tochter Fergie den Rest. Wie viele £ macht das jeweils aus?

Aufgabe 17

Ein Abwasserkanal von 77 m Länge soll mit $1\frac{3}{4}$ m langen Rohren ausgebaut werden. Wie viele Rohre braucht man?

Aufgabe 18

Ein Nachrichtensatellit braucht für eine Erdumkreisung ungefähr $1\frac{1}{3}$ Stunde.
Wie viele Erdumkreisungen sind das in einer Woche?

Aufgabe 19

Die Hauswirtschaftslehrerin Frida Meyerling hat 4 Liter Milch gekauft. $1\frac{3}{4}$ Liter braucht sie, um den Pudding zu kochen, $\frac{5}{8}$ Liter braucht sie für die Zubereitung des Kartoffelpürees, $\frac{9}{10}$ Liter für die Pfannkuchen, aus dem Rest rührt sie Kakao an.
Wie viele Liter sind das?

Aufgabe 20

Lord Fountleroi möchte, dass sein Gärtner einen großen Platz von insgesamt 1180 m^2 mit Rasen einsät. Für einen Quadratmeter Rasen rechnet der Gärtner mit $\frac{7}{100}$ kg Grassamen.

Aufgabe 21

Der Film „Mary Topper und der Viehdieb" wurde durch vier Werbeblöcke von $4\frac{1}{2}$ Minuten, $5\frac{1}{4}$ Minuten, $3\frac{2}{3}$ Minuten und $6\frac{3}{5}$ Minuten unterbrochen.
Wie viele Sekunden dauerte die Werbung insgesamt?

Aufgabe 22

Der Transporter von Erich Meier kann $4\frac{1}{5}$ t transportieren. Er muss Schutt und Müll im Gesamtgewicht von 105 t abtransportieren. Wie oft muss Erich Meier fahren?

Aufgabe 23

Metzgermeister Erwin Czibowski verkauft von seinem berühmten Hinterkochschinken, der insgesamt $7\frac{1}{2}$ kg wog, nacheinander $\frac{3}{4}$ kg, $1\frac{1}{2}$ kg, $\frac{1}{5}$ kg, $\frac{3}{8}$ kg und $\frac{1}{4}$ kg.
Wie viel wiegt der Schinken jetzt noch?

KOHL VERLAG Mathe für den Beruf Alltagsgerecht und anwendungsorientiert – Best.-Nr. 11 704

3 Maßeinheiten

Alle Berufsfelder

Die jeweilige Zahl, die vor einer Maßeinheit genannt wird, ist die Maßzahl. Eine Maßzahl zusammen mit einer Maßeinheit bezeichnet man als Größe.

Beispiel : Maßzahl  53 kg  Maßeinheit

Gebräuchliche Maßeinheiten sind:

Geld : Euro (€), Cent (Ct)

Beispiele : 9 Euro = 900 Cent 4 Cent = 0,04 Euro

Zeit : Jahr (a) , Monat, Woche, Tag (d), Stunde (h), Minute (min), Sekunde (s)

1 Jahr = 365, 366 Tage; 1 Jahr = 12 Monate ≈ 52 Wochen;
1 Monat = 31, 30, 29 oder 28 Tage; 1 Monat ≈ 4 Wochen;
1 Woche = 7 Tage; 1 Tag = 24 Stunden;
1 Stunde = 60 Minuten; 1 Minute = 60 Sekunden

Gewichte (Massen) : Tonne (t), Kilogramm (kg), Gramm (g), Milligramm (mg)

Beispiel : 6 t = 6 000 kg = 6 000 000 g = 6 000 000 000 mg

Längen(maße) : Kilometer (km), Meter (m), Dezimeter (dm), Zentimeter (cm), Millimeter (mm)

Beispiel : 5 km = 5 000 m = 50 000 dm = 500 000 cm = 5 000 000 mm

Kleine Flächen(maße) : Quadratmeter (m^2), Quadratdezimeter (dm^2), Quadratzentimeter (cm^2), Quadratmillimeter (mm^2)

Beispiel : 9 m^2 = 900 dm^2 = 90 000 cm^2 = 9 000 000 mm^2

Große Flächen(maße) : Quadratkilometer (km^2), Hektar (ha), Ar (a)

Beispiel : 7 km^2 = 700 ha = 70 000 a = 7 000 000 m^2

Raum(maße) : Kubikmeter (m^3), Kubikdezimeter (dm^3) Kubikzentimeter (cm^3), Kubikmillimeter (mm^3)

Beispiel : 3 m^3 = 3 000 dm^3 = 3 000 000 cm^3 = 3 000 000 000 mm^3

Hohl(maße) : Hektoliter (hl), Liter (l), Milliliter (ml)

Beispiel : 4 hl = 400 l = 400 000 ml

zum Vergleich : 1 m^3 = 10 hl; 1 dm^3 = 1 l; 1 cm^3 = 1 ml

Maßzahlen dürfen z. B. nur addiert bzw. subtrahiert werden, wenn sie dieselbe Maßeinheit schon aufweisen oder in dieselbe Maßeinheit umgerechnet worden sind.

Aufgabe 1 Schreibe in der nächsthöheren Einheit.

a) 780 min c) 192 h e) 840 s
b) 420 s d) 840 min f) 288 h

Aufgabe 2 Wie viele Tage und Stunden sind:

a) 53 h c) 253 h e) 43 h
b) 94 h d) 137 h f) 167 h

Aufgabe 3 Wie viele Minuten und Sekunden sind es?

a) 231 s c) 967 s e) 3500 s
b) 508 s d) 8004 s f) 5112 s

Aufgabe 4 Wie lange dauerten die einzelnen Fernsehsendungen?

a) 8.10 Uhr - 9.05 h c) 11.25 Uhr - 13.12 Uhr
b) 20.34 Uhr - 23.57 Uhr d) 18.20 Uhr - 22.53 Uhr

Aufgabe 5 Schreibe in der nächsthöheren Einheit.

a) 4500 cm c) 1250 mm e) 10400 m
b) 3800 m d) 225 cm f) 625 mm

Aufgabe 6 Schreibe in der in Klammern angegebenen Einheit.

a) 84,3 cm (mm) d) 16,53 km (m)
b) 116 m (km) e) 4 dm (m)
c) 308 mm (m) f) 4000 mm (dm)

Aufgabe 7 Wie viele m sind:

a) 3,5 km c) 1060 mm e) 0,125 km
b) 8652 cm d) 85 cm f) 50 mm

Aufgabe 8 Wie viele km und m sind:

a) 2500 m c) 1050 m e) 15006 m
b) 27200 m d) 9650 m f) 625 m

Aufgabe 9 Wie viele m und cm sind:

a) 130 cm c) 1850 mm e) 3,05 m
b) 2,4 m d) 785 cm f) 625 dm

Aufgabe 10 Wie viele cm und mm sind:

a) 1,425 m c) 20,8 cm e) 38 mm
b) 3,01 dm d) 283 mm f) 0,312 m

Aufgabe 11 Rechne in die nächsthöheren Einheiten um (m in km und dm in m, usw.)

a) 2500 m c) 330 cm e) 1350 mm
b) 270 mm d) 850 m f) 725 cm

KOHL VERLAG Mathe für den Beruf Alltagsgerecht und anwendungsorientiert – Best.-Nr. 11 704

Aufgabe 12 Wie viele mm sind:

a) 18 cm
b) 0,6 m
c) 56 m
d) 803 dm
e) 0,025 km
f) 0,05 m

Aufgabe 13 Wie viele cm sind:

a) 18 m
b) 0,73 m
c) 25 mm
d) 1 km
e) 2,75 m
f) 3,85 dm

Aufgabe 14 Schreibe in Kubikdezimetern.

a) 1,6 m^3
b) 2250 cm^3
c) 895 cm^3

Aufgabe 15 Schreibe in Kubikmetern.

a) 14500 dm^3
b) 8500000 mm^3
c) 1750 cm^3

Aufgabe 16 Schreibe in Kubikzentimetern.

a) 0,5 dm^3
b) 8,05 dm^3
c) 1,1 m^3

Aufgabe 17 Wie viele Kubikdezimeter fehlen bis zum nächsten Kubikmeter?

a) 650 dm^3
b) 995 dm^3
c) 1045 dm^3

Aufgabe 18 Wandle in Liter um.

a) 1,5 dm^3
b) 1200 cm^3
c) 3,150 m^3

Aufgabe 19 Wandle in Kubikdezimeter um.

a) 352 ml
b) 0,001 m^3
c) 16000 cm^3

Aufgabe 20 Wandle in Kubikmeter um.

a) 169 l
b) 1015 dm^3
c) 89000 cm^3

Aufgabe 21 Gib die Massen in t an.

a) 1250 kg
b) 865 kg
c) 3425 kg

Aufgabe 22 Wie viel kg sind:

a) 0,6 t
b) 2650 g
c) 1,8 t

Aufgabe 23 Wie viel g sind:

a) 12,4 kg
b) 1490 mg
c) 1 t

Aufgabe 24 Wandle in g um.

a) 1,001 t
b) 10 mg
c) 0,015 kg

Aufgabe 25 Wandle in kg um.

a) 5555 g
b) 0,001 t
c) 45000 mg

Aufgabe 26 Wandle in t um.

a) 16 kg
b) 8500 g
c) 16543 kg

Alle Berufsfelder

Umformung von Gleichungen

In Gleichungen wird oft zumindest eine Unbekannte (= Variable) erwähnt, die häufig mit dem Buchstaben x bezeichnet wird. Was links des Gleichheitszeichens steht, ist gleichwertig mit dem, was rechts des Gleichheitszeichens steht.
Man kann auch sagen: Die linke und die rechte Seite der Gleichung befinden sich im Gleichgewicht.

Die Gleichung bleibt wahr (richtig), wenn jeweils links und rechts des Gleichheitszeichens dieselben Rechenoperationen durchgeführt werden.
Um den Wert der bisher unbekannten Zahl für die Gleichung zu ermitteln, muss schließlich die Unbekannte (z. B. x) allein auf einer Seite stehen (möglichst auf der linken Seite).

Beispiel:

$$
\begin{aligned}
4x + 9 &= 33 \qquad | -9 \qquad\qquad | = \text{Befehlsstrich}\\
4x &= 33 - 9\\
4x &= 24 \qquad | : 4\\
x &= 24 : 4\\
x &= 6
\end{aligned}
$$

Zur Überprüfung, ob die ermittelte Zahl auch tatsächlich die Lösung für x in der Gleichung ist, sollte die Probe durchgeführt werden. Dabei wird die ermittelte Zahl für die Unbekannte in die Ausgangsgleichung eingesetzt. Ergibt sich links und rechts des Gleichheitszeichens dasselbe Resultat, so ist bewiesen: Die ermittelte Zahl für die Unbekannte ist wirklich die Lösung.

Probe:

$$
\begin{aligned}
4 \cdot 6 + 9 &= 33\\
24 + 9 &= 33\\
33 &= 33 \checkmark
\end{aligned}
$$

In Textaufgaben gilt es des Öfteren, zuerst eine zum Text passende Gleichung aufzustellen und dann die Unbekannte zu berechnen.

Beispiel:

Eine Hose und ein Hemd kosten in einem Geschäft zusammen 69 Euro. Das Hemd ist 15 Euro billiger als die Hose. Wie teuer ist die Hose?

Lösung:

x = Preis der Hose

Gleichung:

$$
\begin{aligned}
x + x - 15 &= 69 \qquad | +15\\
x + x &= 69 + 15\\
2x &= 84 \qquad | : 2\\
x &= 42
\end{aligned}
$$

Probe:

$$
\begin{aligned}
42 + 42 - 15 &= 69\\
69 &= 69 \checkmark
\end{aligned}
$$

Antwortsatz: Die Hose kostet 42 Euro.

KOHL VERLAG Mathe für den Beruf Alltagsgerecht und anwendungsorientiert – Best.-Nr. 11 704

4. Terme und Gleichungen

Aufgabe 1

Stelle den Term auf und berechne ihn.

a) Multipliziere (– 5) mit der Summe aus 18 und 23.
b) Addiere zum Produkt aus 8 und 12 die Zahl 85.
c) Subtrahiere von 150 die Summe der Zahlen 98 und 47.
d) Subtrahiere von der Differenz der Zahlen 95 und 47 das Produkt der Zahlen – 7 und 9.

Aufgabe 2

Auf einer Autobahnraststätte parken e Motorräder, fünfzehmal so viele Autos und f Lastkraftwagen. Beschreibe die Gesamtzahl der parkenden Fahrzeuge durch einen Term.

Aufgabe 3

Schreibe einen Term für den Umfang der Figuren.

a) 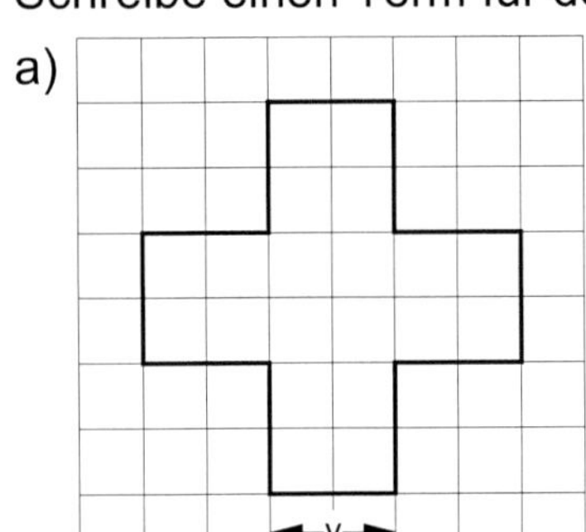

b) 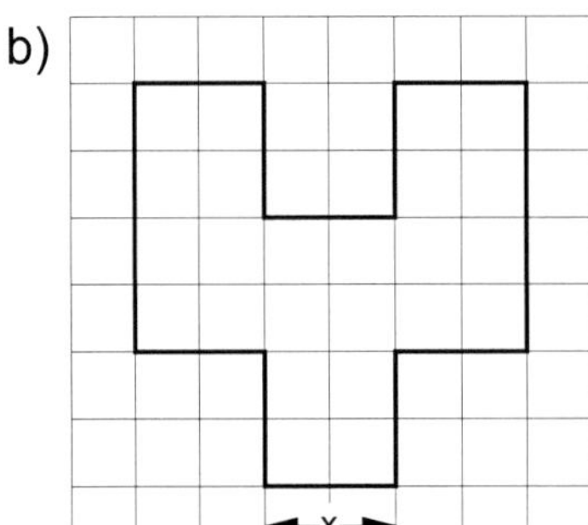

c) 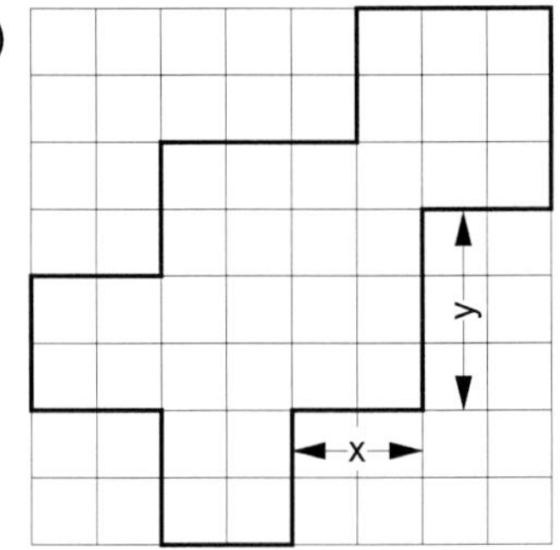

Aufgabe 4

Drücke die Summe der Kantenlängen der verschiedenen Körper in einem möglichst einfachen Term aus.

a) 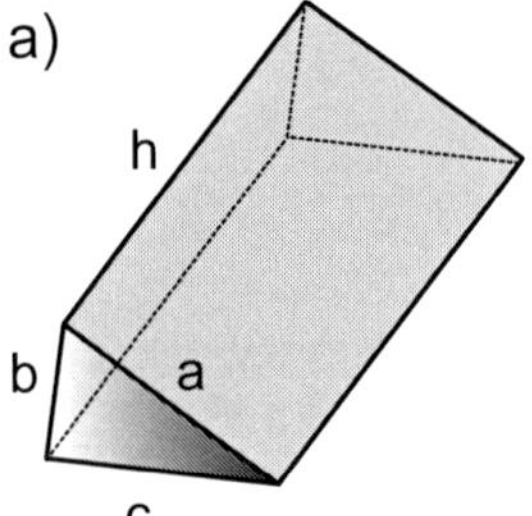

b) 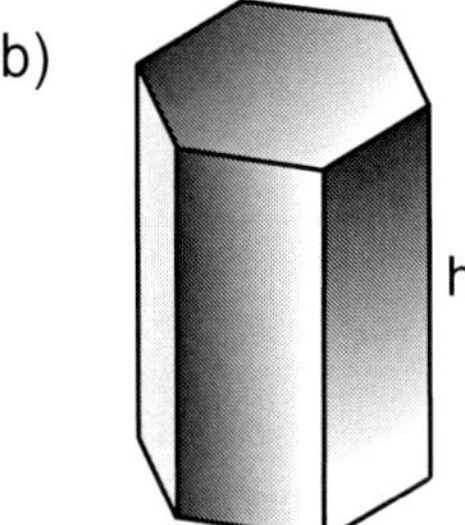

c) 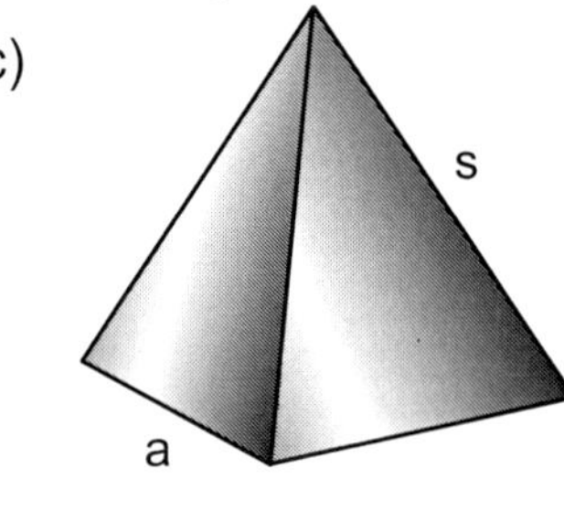

Aufgabe 5

In einem Streichelzoo sind doppelt so viele Hamster wie Meerschweinchen. Bezeichne die Anzahl der Meerschweinchen mit x und kreuze dann den Term an, der die Gesamtzahl der Tiere beschreibt.

☐ x – 2y ☐ x – 2x ☐ x • 2x ☐ x + 2x ☐ x + y

Aufgabe 6

Erika Meiers Stromkostenabrechnung setzt sich zusammen aus einer monatlichen Grundgebühr von 13,80 € und dem Preis für eine Kilowattstunde von 4,88 Cent. Wie lautet der Term für die Jahresabrechnung, wenn Erika x Kilowattstunden im Jahr verbraucht hat?

Aufgabe 7

Fasse zusammen.

a) $5a + 7a + a$
b) $59x + 48x - 106x$
c) $5a + 3b + 4a - b$
d) $a + 2a + 3ab - ab$
e) $31p + 17p + 11a - 18p + 19a$
f) $\frac{3}{4}x - \frac{2}{5}x + \frac{7}{10}x$

Aufgabe 8

Fasse die Terme so weit wie möglich zusammen.

a) $5xy + 7ab - xy - 2ab + 3xy$
b) $0{,}25a + 3{,}2b + 2\frac{1}{2}a - 3\frac{4}{5}b$
c) $23p - 11q + 11q - 19p - q$
d) $3{,}7x + 4{,}6y - 7{,}3z + 13{,}5x + 4{,}7y - 6{,}3z$
e) $2n^2 + 4m^2 + 3n^2$
f) $6a^2b + 3ab^2 - 2a^2b + 5a^2b^2 + 2ab^2$

KOHL VERLAG Mathe für den Beruf Alltagsgerecht und anwendungsorientiert – Best.-Nr. 11 704

Aufgabe 9 Vereinfache den Term, setze anschließend x = 4 und y = 7 ein und berechne den Wert des Terms.

a) $(7x - 3y) - (2y + 3x) + (-3x + 8y)$

b) $8(2x + 3y) + 3(4x - 7y) - (12x - 3y)$

c) $(12x - 3y + 25) - (x + 2y) \cdot 7$

Aufgabe 10 Löse die Klammer auf und fasse so weit wie möglich zusammen.

a) $6(5a + 4b) - 4(2a + b) - 5(5a + 3b)$

b) $4(2a - 9) - 3(8 - 4a) - 3(7a - 8)$

c) $(3x + 5) \cdot (-4) + 2(4x - 6) + (9 - 6x) \cdot (-3)$

Aufgabe 11 Klammere möglichst viel aus.

a) $54x - 18y$ b) $12a - 18b + 42$ c) $24x - 6y + 18z$

d) $6a + 9ab$ e) $33pq + 77p^2$ f) $49x^3 - 14xy^2$

Aufgabe 12 Ergänze zu äquivalenten Gleichungen.

a) $6 + 4x + 11 = 6x - 8 + 3x + 5$ ___ $+ 4x =$ ___ $- 3$

b) $4a + 8 - a + 3 = 2a + 13 - 5a - 17$ ___ $+ 11 =$ ___ $- 4$

c) $14 - 7 - 8x = 19x + 25 - 13x$ ___ $- 8x =$ ___ $+ 25$

d) $68a - 60a = 32a + 46 - 16a$ ___ $=$ ___ $+ 46$

e) $3{,}5x + 8{,}7 - 0{,}5x + 3{,}3 = 7{,}5 - 2x - 8 - 4{,}2x$ ___ $+ 12 = -0{,}5 -$ ___

Aufgabe 13 Setze richtig ein.

a) (___ + ___)$(6 + 3y) = 54 + 27y + 12x + 6xy$

b) (___ − ___)(4 + ___) $= 8a + 6a^2 - 28 - 21a$

c) (___ − ___)(___ − 4) $= 6x^2 - 8x - 3xy + 4y$

d) (___ + ___)(6a + ___) $= 18ax + 6bx + 6ay + 2by$

Aufgabe 14 Schreibe die Produkte als Summen, indem du ausmultiplizierst und - wenn möglich - zusammenfasst.

a) $(9a - 3)(3b - 5)$ b) $(2m + 3n)(4m + 7n)$

c) $(x - 5y)(6x + y)$ d) $(7x - 9y)(25x - 6y)$

e) $(5x + 3y)(a - b)$ f) $(4a - 2b)(x - 3y)$

Aufgabe 15 Multipliziere aus und fasse zusammen.

a) $(2a + 3b)(4a - 3b) + (3b - 2a)(4b + 3a)$

b) $(7x - 3y)(-2y + 2x) + (6x - 8y)(5x + 4y)$

c) $(2x + 3)(1 - 3x) + (6x - 17)(4 + x)$

Aufgabe 16 Bestimme die Lösungsmenge im Kopf.

a) $x + 17 = 53$ b) $46 + x = -23$ c) $87 - x = 98$

d) $93 + a = -7$ e) $35 - b = 12$ f) $46 + x = 11$

g) $\frac{5}{8}x = 40$ h) $\frac{-x}{12} = -6$ i) $\frac{1}{15}x = -3$

j) $\frac{y}{2} = 0{,}7$ k) $\frac{1}{13}a = 13$ l) $-50 = x : (-2{,}5)$

KOHL VERLAG Mathe für den Beruf Alltagsgerecht und anwendungsorientiert – Best.-Nr. 11 704

4 Terme und Gleichungen

Aufgabe 17 Bestimme die Lösungsmengen für folgende Gleichungen im Kopf.

a) $5x - 6 = 3x$ b) $24x + 18 = 6x$ c) $20x - 36 = 4 + 12x$

d) $10x - 10 = 22 - 6x$ e) $4{,}2x - 3{,}2x = 3{,}2x - 15{,}4$ f) $1{,}5x - 1{,}5 = x + 0{,}5$

g) $4 \cdot x + 6 = 18$ h) $15 \cdot x - 12 = 93$ i) $15 - 2x = 7$

j) $3x - 9 = -12$ k) $15 - 7x = 29$ l) $-10 - 2x = -34$

Aufgabe 18 Bestimme die Lösungsmengen der Gleichungen ohne die Klammern aufzulösen. Das schaffst du sicherlich auch im Kopf.

a) $3(2x - 4) = 60$ b) $(6 + x) \cdot 5 = 15$ c) $5(2x - 7) = -35$

d) $(3x - 15) \cdot (-2) = 24$ e) $(-3x - 4) \cdot 3 = 15$ f) $23 - 5(x + 4) = -2$

Aufgabe 19 Bestimme die Lösungsmengen für folgende Gleichungen.

a) $13x - 6 + 2x + 8 = 14x + 27 - 10x - 3$

b) $2{,}4x + 5{,}75 - 0{,}9x - 1{,}4 + 5{,}5x - 8{,}1 - 3x - 2{,}25 = 0$

c) $5x + 24 = 80 - (4x + 2)$

d) $14x - (10 - 5x) = -95 - (16x + 90)$

e) $6(0{,}8x - 8) = 2(0{,}75x + 9)$

Aufgabe 20 Stelle eine Gleichung auf und bestimme die Lösungsmenge.

a) Das Vierfache einer Zahl vermehrt um 23 ergibt 85.

b) Das Fünffache einer Zahl vermindert um 12 ergibt das Siebenfache der Zahl vermehrt um 81.

c) Der dritte und der fünfte Teil einer Zahl ergeben zusammen 32.

Aufgabe 21 Bestimme die Lösungsmengen der Gleichungen.

a) $8(3x - 3) - 13x = 5(12 - 3x) + 72$

b) $4(-5x + 3) - 5(3x + 0{,}2) = 7x + 18$

c) $9[3(3x - 2) - 2] - 17 = 10$

d) $5 + 3(2x + 6) - 2x = -4(4x + 1) + 4x - 5$

Aufgabe 22 Bestimme die Lösungsmenge und mache die Probe.

a) $(2 + x)(x + 3) = x^2 - 4$ b) $(x - 4)(x - 2) = -(-x^2 - 3)$

c) $(x + 4)(3 - x) = 6 - x^2$ d) $(-x + 5)(x + 9) = 17 - x^2$

e) $(x - 3)(x + 4) = x(x + 5)$ f) $(3x + 4)(4x + 3) = (2x + 6)(6x + 2)$

g) $(3x + 5)(8x - 2) = (4x + 6)(6x - 1)$ h) $(x + 2)(x + 1) = (x - 2)(x + 9)$

Aufgabe 23 Wende die binomischen Formeln an.

a) $(x + y)^2$ b) $(6a - 5b)^2$ c) $(2{,}5 - 6z)^2$

d) $(\frac{2}{3}a + 6b)^2$ e) $(0{,}5c + 7{,}2d)^2$ f) $(\frac{3}{4}x - \frac{1}{2}b)^2$

Aufgabe 24 Schreibe - wenn möglich - als Produktterm.

a) $9 - 30y + 25y^2$ b) $\frac{1}{9}x^2 + \frac{1}{3}xy + \frac{1}{4}y^2$ c) $4x^2 - 81y^2$

d) $144b^2 - 72b + 9$ e) $-49y^2 + 121x^2$ f) $x^2 + 3xy + y^2$

KOHL VERLAG
Mathe für den Beruf
Alltagsgerecht und anwendungsorientiert – Best.-Nr. 11 704

Aufgabe 25 Löse die Klammern auf und fasse - wenn möglich - zusammen.

a) $(x + 4)^2 + (x + 3)^2$

b) $(a - 6)^2 + (a + 8)^2$

c) $(2y + 3)(2y - 3) + (2y - 4)^2$

d) $(4x + 9y)^2 + (5x + 3y)(5x - 3y)$

Aufgabe 26 Faktorisiere mithilfe einer binomischen Formel. Klammere aber zunächst den angegebenen Faktor aus.

a) $14a^2 + 28ab + 14b^2$ 14 ausklammern

b) $50a^2 - 120a + 72$ 2 ausklammern

c) $x^3 - xy^2$ x ausklammern

Aufgabe 27 Bestimme die Lösungsmenge und mache die Probe.

a) $(x + 4)^2 = x^2$

b) $(8 + x)^2 = x^2$

c) $(a - 6)^2 = a^2$

d) $(y + 10)^2 = y^2$

e) $(x - 5)^2 = x^2$

f) $(2x + 5)^2 = 4x^2 - 15$

g) $(5x + 3)^2 = 25x^2 + 39$

h) $(- 4x - 4)^2 = 16x^2 - 80$

i) $(- 4y + 8)^2 = 16y^2 + 32$

j) $(- 2x + 1)^2 = 4x^2 - 7$

Aufgabe 28 Bestimme die Lösungsmenge und mache die Probe.

a) $(x + 7)^2 = (x - 3)^2 + 43$

b) $(2x + 3)^2 = 4x^2 + 21$

c) $(a - 4)^2 = (a - 3)^2 + 7$

d) $(x + 5)^2 = (x - 4)^2$

e) $(x - 7)(x + 7) = (x + 8)^2 - 1$

Aufgabe 29 Bestimme die Lösungsmenge und mache die Probe.

a) $(x + 5)^2 + (x - 3)^2 = (x - 7)^2 + (x + 4)^2 - 11$

b) $(a + 14)^2 + (3a - 6)(3a + 6) = (46 + 7a)(2a - 1) - (7 - 2a)^2$

Aufgabe 30 Bei einem Rechteck mit einem Umfang von 64 cm ist die Länge um 6 cm kürzer als die Breite. Welchen Flächeninhalt hat dieses Rechteck?

Aufgabe 31 Verlängert man die Seiten eines Quadrats um 4 cm, so vergrößert sich der Flächeninhalt um 112 m^2. Wie lang ist die Quadratseite des ursprünglichen Quadrats?

Aufgabe 32 Verlängert man die Kanten eines Würfels um 3 cm, so nimmt seine Oberfläche um 306 cm^2 zu. Welche Kantenlänge hat der Würfel?

Aufgabe 33 Der Umfang eines gleichschenkligen Dreiecks beträgt 31 cm. Die beiden Schenkel sind um 6,5 cm länger als die Grundseite. Wie lang ist die Grundseite, wie lang sind die beiden Schenkel?

KOHL VERLAG Mathe für den Beruf Alltagsgerecht und anwendungsorientiert – Best.-Nr. 11 704

5 Allgemeine Verhältnisrechnung, Dreisatz

Alle Berufsfelder

In der Mathematik ist ein Verhältnis (= Proportion) eine Beziehung zwischen zwei oder mehr Größen.
Zu unterscheiden gilt es unbedingt zwischen direkten (= geraden, proportionalen) Verhältnissen und umgekehrten (= indirekten, antiproportionalen) Verhältnissen.

Ein **direktes Verhältnis** ist dann gegeben: Je mehr die eine Größe wird, desto mehr wird auch die andere Größe.
Drei Beispiele für ein direktes Verhältnis zwischen jeweils zwei Größen:

Warenmenge – Preis,
Zeit – Verdienst,
Zeit – zurückgelegte Streckenlänge.

Ein **umgekehrtes Verhältnis** liegt dann vor: Je mehr die eine Größe wird, desto weniger (= geringer) wird die andere Größe.
Drei Beispiele für ein umgekehrtes Verhältnis zwischen jeweils zwei Größen:

Zahl der Arbeitskräfte – Arbeitszeit,
Vorrat – Versorgungsdauer,
Geschwindigkeit – Fahrzeit.

Aufgaben in der allgemeinen Verhältnisrechnung lassen sich gut per **Dreisatz** berechnen.
Dreisatz bedeutet: In drei Schritten (= Sätzen) wird gerechnet:

1. Satz = Ausgangssatz (Bedingungssatz),
2. Satz = Mittelsatz,
3. Satz = Schlusssatz (Antwortsatz).

Zwei Beispiele für Berechnungen jeweils per Dreisatz:

Aufgabe 1 **Direktes Verhältnis**

In einem Betrieb werden in 3 Stunden 24 Geräte hergestellt.
Wie viele Geräte werden demnach in 7,5 Stunden hergestellt?

1. Satz: 3 Stunden $\triangleq$ 24 Geräte
2. Satz: 1 Stunde $\triangleq$ 24 : 3 = 8 Geräte
3. Satz: 7,5 Stunden $\triangleq$ 8 • 7,5 = 60 Geräte

Aufgabe 2 **Umgekehrtes Verhältnis**

Bei einer Geschwindigkeit von durchschnittlich 100 $\frac{km}{h}$ braucht ein Mann mit seinem Kraftfahrzeug auf der Autobahn 4 Stunden für eine Strecke.
Wie viel Zeit benötigt der Autofahrer mit seinem Kraftfahrzeug für dieselbe Strecke bei einer Durchschnittsgeschwindigkeit von 80 $\frac{km}{h}$?

1. Satz: 100 $\frac{km}{h}$ $\triangleq$ 4 Stunden
2. Satz: 1 $\frac{km}{h}$ $\triangleq$ 4 • 100 = 400 Stunden
3. Satz: 80 $\frac{km}{h}$ $\triangleq$ 400 : 80 = 5 Stunden

5 Allgemeine Verhältnisrechnung, Dreisatz

Aufgabe 1 Herr Biedenzapf zahlt für seine Wohnung mit 84 m² eine Miete von 525 €. Wie viel zahlt sein Nachbar im selben Haus für eine Wohnung von 52 m²?

Aufgabe 2 Im Supermarkt kostet 1 kg Zucker im Sonderangebot 0,93 €. Frau Meier kauft 7 kg dieser Sorte. Was muss sie bezahlen?

Aufgabe 3 Eine Metzgerei nimmt für 1 kg Rindfleisch 9,95 €. Herr Müller braucht für einen Sonntagsbraten 3 kg. Was muss er bezahlen?

Aufgabe 4 1 m³ Fichtenholz frisch vom Stamm wiegt 850 kg. Wie viel t wiegen 8 m³?

Aufgabe 5 Im Kaufhaus Merkur werden Video-Kassetten das Stück zu 3,93 € angeboten. Herr Münch kauft sich 12 Kassetten. Wie viel muss er bezahlen?

Aufgabe 6 In einem Blumengeschäft wird eine rote Rose zum Preis von 1,25 € angeboten. Herr Schmitz bringt seiner Frau 15 dieser Rosen mit.

Aufgabe 7 Frau Heimbach hat 300 g Käse am Stück gekauft und dafür 4,77 € bezahlt. Frau Kaiser hat für ihre Familie ein Stück von 500 g gekauft. Was hat sie bezahlt?

Aufgabe 8 Ein Schwimmbecken wird durch 5 gleich starke Pumpen in 64 Minuten gefüllt? Eine Pumpe fällt aus. Wie lange dauert jetzt das Füllen?

Aufgabe 9 Die 3 Lkw eines Fuhrunternehmens brauchen 24 Tage, um eine Müllhalde abzutransportieren. Wie lange brauchen 4 Lastwagen?

Aufgabe 10 Harry Hirsch brauchte mit seinem Auto auf 52 km 6,24 Liter Super Plus. Wie viele Liter braucht er bei gleichem Fahrstil für 100 km?

Aufgabe 11 Auch Luft wiegt etwas. 300 m³ wiegen etwa 390 kg. Ein Klassenraum ist 8 m lang, 6 m breit und 4 m hoch. Wie viel wiegt die Luft in diesem Raum?

Aufgabe 12 Herr Lewandis belegt sein 24 m² großes Wohnzimmer mit neuem Teppichboden. 1 m² kostet 21 €. Wie viel kostet der Teppichboden?

Aufgabe 13 Ein Erwachsener atmet in 1 Minute etwa 18-mal, ein Säugling etwa 40-mal. Wie viele Atemzüge macht ein Erwachsener in 1 Stunde, ein Säugling in 45 Minuten?

Aufgabe 14 Im einem Computergeschäft werden 3 Spiele-CDs für 23,40 € angeboten. Leonie möchte gerne 5 CDs kaufen.

Aufgabe 15 Ein Jogger macht auf 100 m exakt 120 Schritte.
a) Wie viele Schritte macht er auf 250 m?
b) Wie viel m legt er bei 180 Schritten zurück?

Aufgabe 16 Herr Walknix hat für einen 14-tägigen Wanderurlaub auf der Isla de la Muerta in einem Hotel für Übernachtung und Halbpension 798 € bezahlt. Weil es ihm so gut gefällt, verlängert er seinen Urlaub um weitere 5 Tage.

KOHL VERLAG Mathe für den Beruf Alltagsgerecht und anwendungsorientiert – Best.-Nr. 11 704

5 Allgemeine Verhältnisrechnung, Dreisatz

Aufgabe 17 Der Ölvorrat der Familie Meier reicht 300 Tage, wenn die tägliche Brenndauer 12 Stunden beträgt.
a) Wie lange reicht das Öl bei einer Brenndauer von 15 Stunden?
b) Der Ölvorrat reicht nur 200 Tage. Berechne die tägliche Brenndauer.

Aufgabe 18 Ein Bauer beliefert die Firma Sunella mit 672,2 dz Doppelzentner (1 dz = 100 kg) Zuckerrüben. Die Firma Sunella gewinnt aus 100 kg dieser Rüben 14,2 kg Zucker, die sie wiederum für ihren köstlichen Brotaufstrich braucht. Wie viel Zucker gewinnen sie aus der Ernte?

Aufgabe 19 Ein Milchbauer macht aus 25 l Milch etwa 1,4 kg Butter.
a) Wie viel Butter erhält er aus $\frac{3}{5}$ hl (Hektoliter) Milch?
b) Wie viel Milch braucht man zur Gewinnung von $4\frac{1}{2}$ kg Butter?

Aufgabe 20 Neun Industrieroboter fertigen 2000 Teile in 10 Stunden. Dieselbe Anzahl soll in 6 Stunden produziert werden. Wie viele Roboter braucht man?

Aufgabe 21 Für einen Klassenausflug muss jeder der 25 Schüler und Schülerinnen 24 € bezahlen.
a) Wegen Erkrankung kann ein Schüler nicht mitfahren.
Wie teuer wird jetzt der Ausflug für jeden?
b) Wie viele Schüler fahren mit, wenn jeder 30 € gezahlt hat?

Aufgabe 22 15 Personen können mit einer Spende von je 180 € in einem afrikanischen Land einen Brunnen bauen lassen. Weil eine Zeitung von diesem Projekt berichtete, schlossen sich weitere 12 Personen dieser Aktion an.
Wie viel muss nun jeder zahlen?

Aufgabe 23 Für die Fenster einer Klasse will ein Hausmeister Vorhänge nähen. Bei einer Stoffbreite von 80 cm braucht er 16,5 m. Seine Frau hat jedoch einen schöneren Stoff ausgesucht, der 1,20 m breit ist. Wie viel m Stoff braucht er jetzt?

Mathe für den Beruf
Alltagsgerecht und anwendungsorientiert – Best.-Nr. 11 704

Aufgabe 24 Ein Straßenbauunternehmer braucht für die Fertigstellung der Kanalisation einer Straße 21 Arbeiter, die 20 Tage mit dieser Arbeit beschäftigt sind. Die Arbeit soll aber in 14 Tagen fertig werden. Wie viele Arbeiter braucht er zusätzlich?

Aufgabe 25 6 Straßenbahnen der Linie 21 fahren im Abstand von 15 Minuten.
Weil sehr viele Leute das Angebot des ÖPNV (Öffentlicher Personennahverkehr) nutzen, sollen die Bahnen im 10-Minuten-Takt fahren.
Wie viele Bahnen müssen nun eingesetzt werden?

Aufgabe 26 Eine Kiste von 1,2 m² Grundfläche ist 40 cm hoch mit Sand gefüllt. Wie hoch würde die gleiche Menge Sand in einer Kiste mit einer Grundfläche von 1,5 m² reichen?

Aufgabe 27 Herr Steimer will eine Mauer um sein Grundstück setzen. Wenn alles klappt, braucht er dafür 25 Tage. Vier seiner Freunde bieten ihm Hilfe an.
Wie lange brauchen die fünf Männer?

5 Allgemeine Verhältnisrechnung, Dreisatz

Aufgabe 28 In der Jugendherberge Hohenunkel braucht die Herbergsmutter für die eine Klasse mit 30 Schülern und Schülerinnen bei einem 7-tägigen Aufenthalt 42 Brote. Wie viele Brote kauft sie insgesamt ein, wenn zwei weitere Klassen mit insgesamt 65 Kindern 16 Tage bleiben wollen?

Aufgabe 29 In China weben 12 Weber in $7\frac{1}{2}$ Tagen 216 m Seide. Wie viel m Seidenstoff können bei gleicher Leistung 10 Weber in $3\frac{1}{3}$ Tagen herstellen?

Aufgabe 30 Ein Pferdewirt verfüttert die 3,75 t Heu an seine 9 Pferde in 10 Wochen. Wie lange würden in einem Reitstall 15 Pferde bei gleicher Futterration mit 4,375 t Heu auskommen?

Aufgabe 31 Eine Klasse mit 31 Schülern gab auf einer Klassenfahrt von 5 Tagen 4960 € aus. Eine andere Klasse will eine ähnliche Fahrt machen, bleibt aber nur 4 Tage. In dieser Klasse sind auch nur 29 Schüler. Mit welchen Kosten muss der Klassenlehrer rechnen?

Aufgabe 32 Fährt ein Azubi (Auszubildender) mit dem Fahrrad zur Arbeitsstelle, so benötigt er bei einer Geschwindigkeit von $18\,\frac{km}{h}$ 45 Minuten. Wie lange braucht er für den Weg mit seinem Motorrad bei einer Geschwindigkeit von $40{,}5\,\frac{km}{h}$?

Aufgabe 33 Eine rüstige Seniorengruppe wandert täglich $6\frac{1}{2}$ Stunden. So legt sie in 5 Tagen 162,5 km zurück. Wie viele Tage braucht die Gruppe, wenn sie 112,5 km bei $7\frac{1}{2}$ Stunden täglicher Wanderzeit zurücklegt.

Aufgabe 34 In einer Werkzeugfabrik stellen 20 Arbeiter in der Woche 350 Werkzeugkästen her. Sie arbeiten an 5 Tagen in der Woche. Die Firma erhält einen größeren Auftrag aus dem Ausland. Sie muss in 22 Tagen mit 28 Arbeitern die gewünschte Anzahl an Werkzeugkästen herstellen.
Wie viele Kästen sollen sie produzieren?

Aufgabe 35 Für die Holzdecke einer Eingangshalle werden 2800 Bretter gebraucht, die 12 cm breit sind.
Der Holzlieferant hat nur Bretter von 12,5 cm Breite auf Lager.
Wie viele Bretter dieser Breite werden benötigt?

Aufgabe 36 Eine Bäuerin verfüttert an ihre 5 Hühner an 7 Tagen 2 kg Körnerfutter. Sie schafft sich weitere 5 Hühner an und verfüttert an diese 10 Hühner 20 kg Futter bei gleicher täglicher Futtermenge. Wie lange kann sie ihre Hühner damit füttern?

Aufgabe 37 In einem holländischen Pfannkuchenhaus reicht der Mehlvorrat $4\frac{1}{2}$ Monate für 600 Personen, wenn für jede Person täglich 37,5 g gerechnet werden. Wie viel g würde jeder bekommen, wenn der Vorrat für 450 Personen 5 Monate reichen muss? Werden die Pfannkuchen größer oder kleiner?

Aufgabe 38 In einer Kantine werden in 6 Tagen für 40 Personen 120 kg Kartoffeln verbraucht. Weil sich die Kantine großer Beliebtheit erfreut, steigt für die Dauer von 10 Tagen die Zahl auf 60 Kantinenbesucher.
Wie viele kg Kartoffeln werden benötigt?

6 Prozent- und Zinsrechnung

Alle Berufsfelder

Die **Prozentrechnung** ist eine Vergleichsrechnung, in der beliebige Zahlen in das Verhältnis zur Zahl 100 gesetzt werden. Aufgaben der Prozentrechnung lassen sich per Dreisatz und per Formeln lösen.

Berechnung des Prozentwertes :

Dreisatz
1. 100 % =
2. 1 % = | : 100
3. % = | •

Formel

$$\text{Prozentwert} = \frac{\text{Grundwert} \cdot \text{Prozentsatz}}{100}$$

Berechnung des Prozentsatzes :

Dreisatz
1. = 100 %
2. 1 = 100 % :
3. = •

Formel

$$\text{Prozentsatz} = \frac{\text{Prozentwert} \cdot 100}{\text{Grundwert}}$$

Berechnung des Grundwertes :

Dreisatz
1. % =
2. 1 % = :
3. 100 % = •

Formel

$$\text{Grundwert} = \frac{\text{Prozentwert} \cdot 100}{\text{Prozentsatz}}$$

Man kann die **Zinsrechnung** als die Anwendung der Prozentrechnung unter Berücksichtigung der Zeit bezeichnen. Aufgaben der Zinsrechnung lassen sich am besten mit Formeln lösen.

Einfache Zinsrechnung (= keine Zinseszinsrechnung)

Jahreszinsformel : $z = \frac{k \cdot p \cdot j}{100}$

Monatszinsformel : $z = \frac{k \cdot p \cdot m}{100 \cdot 12}$

Tageszinsformel : $z = \frac{k \cdot p \cdot t}{100 \cdot 360}$

Hinweise : z = Zinsen; k = Kapital oder Kredit; p Zinssatz (Zinsfuß); j = Jahr(e); m = Monat(e); t = Tag(e)

Durch Umstellung ergeben sich von den Zinsformeln diese Formeln:

Kapitalformeln : $k = \frac{z \cdot 100}{p \cdot j}$ bzw. $k = \frac{z \cdot 100 \cdot 12}{p \cdot m}$ bzw. $k = \frac{z \cdot 100 \cdot 360}{p \cdot t}$

Zinssatzformeln : $p = \frac{z \cdot 100}{k \cdot j}$ bzw. $p = \frac{z \cdot 100 \cdot 12}{k \cdot m}$ bzw. $p = \frac{z \cdot 100 \cdot 360}{k \cdot t}$

Zeitformeln : $j = \frac{z \cdot 100}{k \cdot p}$ bzw. $m = \frac{z \cdot 100 \cdot 12}{k \cdot p}$ bzw. $t = \frac{z \cdot 100 \cdot 360}{k \cdot p}$

Aufgabe 1 Drücke die folgenden Bruchteile eines Ganzen in Prozent aus:

$\frac{1}{8}$ $\frac{1}{20}$ $\frac{2}{5}$ $\frac{1}{3}$ $\frac{3}{4}$ $\frac{1}{5}$ $\frac{7}{10}$ $\frac{4}{25}$

Aufgabe 2 Berechne.

a) 32 % von 5680 €
b) 39 % von 250 kg
c) 17,5 % von 1200 t
d) 42 % von 280 ha
e) 31 % von 750 g
f) $3\frac{1}{2}$ % von 742,50 ha

Aufgabe 3 Berechne den prozentualen Anteil der Nahrungsmittel an Wasser.

a) 600 g Rindfleisch enthält 402 g Wasser.
b) 500 g Fisch enthält 445 g Wasser.
c) 2 kg Tomaten enthalten 1,88 kg Wasser.
d) 200 g Roggenbrot enthält 78 g Wasser.

Aufgabe 4 In einem Mietshaus werden alle Mieten um 6 % erhöht, da der Vermieter neue Isolierfenster eingebaut hat. Für die drei Familien, die in dem Haus wohnen, ergaben sich folgende Erhöhungen:
Familie Meyer 46,20 €, Familie Müller 34,80 €, Familie Schulze 51,60 €.
Wie hoch waren die Mieten vorher und was müssen die drei Familien jetzt für ihre Wohnungen bezahlen?

Aufgabe 5 Ergänze die Tabelle.

Grundwert	3540 €	280 €		560 €	950 €	
Preissenkung	7,5 %		2,5 %	12 %		17 %
verminderter Grundwert		256,20 €	156 €		788,50 €	1223,42 €

Aufgabe 6 Ein Dachdeckermeister soll ein Dach von 220 m² mit Schiefer belegen. Da Schiefer sehr bruchanfällig bei der Verarbeitung ist, bestellt er vorsichtshalber 12,5 % mehr an Schiefer. Wie viele m² Schiefer bekommt er?

Aufgabe 7 Teig verliert beim Backen an Gewicht, weil der flüssige Anteil des Teigs verdunstet. Brotteig verliert so 12 % an Gewicht. Wie viel Teig muss ein Bäcker für ein Brot nehmen, das nach dem Backen 750 g wiegen soll?

Aufgabe 8 Beim Kauf eines Fernsehgerätes gewährte der Verkäufer Frau Meier-Unstrut 20 % Rabatt. Da Frau Meier-Unstrut die Rechnung innerhalb von drei Tagen bezahlte, zog sie noch einmal 3 % vom Rechnungsbetrag ab und überwies insgesamt 1008,80 €.
Was hat das Fernsehgerät ursprünglich gekostet?

Aufgabe 9 Beim Kauf eines Kühlschranks, der insgesamt 325 € kostete, konnte Herr Müller-Vorfelder von der Rechnung 3 % Skonto abziehen. Wie viel bezahlte er?

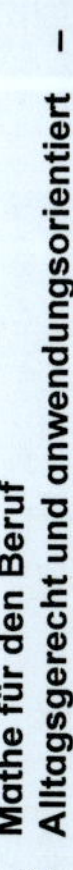

Mathe für den Beruf
Alltagsgerecht und anwendungsorientiert – Best.-Nr. 11 704
KOHL VERLAG

6 Prozent- und Zinsrechnung

Aufgabe 10 Die Kinder von Frau Schulze-Eimig essen für ihr Leben gern Rotkohl mit Bratwurst. Die 5 Bratwürstchen, die Frau Schulze-Eimig vorige Woche auf den Tisch brachte, verloren beim Braten 19 % ihres Gewichts und wogen nur noch 364,5 g. Welches Gewicht hatten sie ursprünglich?

Aufgabe 11 Serranoschinken sind luftgetrocknet und verlieren bei diesem Vorgang 22 % ihres Gewichts. Was wog ein Schinken ursprünglich, der jetzt noch 4368 g wiegt?

Aufgabe 12 Berechne die Jahreszinsen von

a) 3500 € zu $2\frac{1}{2}$ %

b) 630 € zu $3\frac{1}{3}$ %

c) 15600 € zu 8 %

d) 3720 € zu 12,5 %

e) 6250 € zu $6\frac{1}{2}$ %

Aufgabe 13 Vervollständige die Tabelle.

Kapital	3625 €	9702 €		3350 €	3760 €		6580 €
Zinssatz		5,5 %	7,4 %		5 %	8 %	$2\frac{1}{2}$ %
Jahreszinsen	297,25 €		539,83 €	217,75 €		552 €	

Aufgabe 14 Vervollständige die Tabelle.

Kapital	2800 €	5400 €	4800 €	7200 €			2800 €
Zinssatz	$3\frac{1}{2}$ %		3,75 %	4,5 %	4 %	$3\frac{3}{4}$ %	7 %
Zeit	81 Tage	8 Monate		85 Tage	288 Tage	128 Tage	
Zinsen		96 €	55 €		108,80 €	6,40 €	117,60 €

Aufgabe 15 MacDonalds hat sein Geld bei der Bank von England zu 6 % angelegt. Jedes halbe Jahr bekommt er 15000 € Zinsen. Berechne einmal die Höhe seines Vermögens.

Aufgabe 16 Ein Grundstücksmakler erwirbt ein Gelände von 4000 m² für 960000 €. Er teilt das Gelände in Parzellen zu 500 m² und verkauft sie nach 160 Tagen an bauwillige Kunden zu einem Preis von je 135000 €. Welchen Zinssatz hätte er für sein Geld bei einer Bank bekommen müssen, um denselben Gewinn zu machen?

Aufgabe 17 Herr Meyer leiht sich bei seinem Nachbarn 50 € und zahlt eine 15 Tage später 51 € zurück. War Herr Meyer großzügig oder knickrig? Berechne den Zinssatz.

6 Prozent- und Zinsrechnung – Kalkulationsschema

Für alle **kaufmännischen Berufe** ist die Kalkulation, also die Berechnung eines geeigneten Preises, eine grundlegende Tätigkeit. Dabei ist die Prozentrechnung essentiell. Bei einer Preisermittlung müssen mehrere Posten berücksichtigt werden, sodass es hierfür ein geeignetes ***Kalkulationsschema*** gibt.

> In der Kalkulation muss man darauf achten, ob man ***im Hundert*** oder ***auf Hundert*** rechnen muss!

Beispielrechnung zur Berechnung *im Hundert*

Ein Konditor braucht für die Herstellung von 1 kg Marzipan 600 g Mandeln. Da nicht alle Mandeln verwertbar sind, rechnet er mit einem Ausschuss von 20 % im Hundert.
Wie viel Mandeln muss der Konditor kaufen?

Lösungsansatz:

Bei dieser Aufgabe muss man beachten, dass die 20 % im Hundert angegeben sind.
Es werden also nicht 20 % auf die 600 g Mandeln aufgeschlagen. Die 600 g entsprechen nicht 100 %, sondern lediglich 80 %, da erst mit den 20 % die 100 % erreicht werden.
Daher gilt die Bezeichnung „im Hundert": Die 20 % sind in 100 % enthalten.

Daher gilt:

$$80\,\% = 600\text{ g}$$
$$20\,\% = x$$
$$x = 150\text{ g}$$

Antwort: Der Konditor muss 600 g + 150 g = 750 g Mandeln kaufen.

Beispielrechnung zur Berechnung *auf Hundert*

Der Preis eines Artikels wurde um 19 % erhöht. Er kostet jetzt 196,35 €.
Was kostete er vor der Preiserhöhung?

Lösungsansatz:

Der Preis vor der Erhöhung entspricht 100 %, darauf wurden 19 % aufgeschlagen.
Es handelt sich also um eine Rechnung „auf Hundert".
Die 196,35 € entsprechen demnach 119 %.

Daher gilt:

$$\frac{196{,}35\text{ €}}{1 + \frac{19}{100}} = 165\text{ €}$$

Antwort: Der Preis betrug vor der Erhöhung 165 €.

KOHL VERLAG Mathe für den Beruf
Alltagsgerecht und anwendungsorientiert – Best.-Nr. 11 704

Aufgabe 18 Stelle dir vor, du bist im Büro eines Betriebes tätig, der mit Elektrogeräten handelt. Du erhältst eine Hausmitteilung aus eurer Einkaufsabteilung. Aus der Mitteilung erfährst du, dass sich der Einkaufspreis beim Lieferanten geändert hat. Das hat Auswirkungen auf deine Preiskalkulation.

Lies dir die Hausmitteilung gründlich durch und verwende das Kalkulationsschema zur Lösung der Aufgabe. Berechne den absoluten und relativen Gewinnzuschlag.

Von: O. Baudendistel, Abteilung Einkauf

An: Abteilung Verkauf

Betreff:

Änderung des Listeneinkaufspreises bei Laserdruckern des Lieferanten Druckhaus KG

Nachricht:

Der Lieferant für Laserdrucker Druckhaus KG hat seinen Listeneinkaufspreis geändert. Betroffen ist der Artikel mit der Artikel-Nr.: 04121.985 "Laserdrucker Flink Print". Der bisherige Listeneinkaufspreis in Höhe von 170,00 € ist auf 175,50 € gestiegen. Der Lieferrabatt und das Lieferskonto bleiben unverändert.

Ermitteln Sie bitte den sich für uns ändernden Gewinn, wenn wir diesen Artikel weiterhin zu einem Listenverkaufspreis von 280,29 € anbieten wollen.

Alle bisher festgelegten Prozentsätze bleiben unverändert.

Mit der Bitte um schnellstmögliche Rückantwort.

Viele Grüße

O. Baudendistel

6 Prozent- und Zinsrechnung – Kalkulationsschema

		%	Euro	Platz für Berechnungen
Vorwärtskalkulation	Listeneinkaufspreis (netto)		175,50	
	– Lieferrabatt (in %)	15		
	= Zieleinkaufspreis			
	– Lieferskonto (in %)	3		
	= Bareinkaufspreis			
	+ Bezugskosten		4,85	
	= Bezugs-/Einstandspreis			
	+ Handlungskosten (Zuschlagssatz in %)	38		
	= Selbstkostenpreis			
	+ Gewinnzuschlag (in %)			
Rückwärtskalkulation	= Barverkaufspreis			
	+ Lieferskonto (in %)	3		
	+ Vertreterprovision (in %)	5		
	= Zielverkaufspreis			
	+ Kundenrabatt (in %)	10		
	= Listenverkaufspreis (netto)		280,29	

Gewinnzuschlag = Barverkaufspreis – Selbstkostenpreis

Mathe für den Beruf
Alltagsgerecht und anwendungsorientiert – Best.-Nr. 11 704

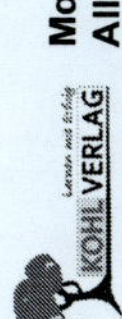

7 Potenzen und Wurzeln

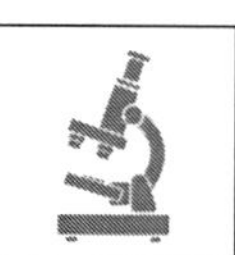

In der Mathematik sind **Potenzen** die abgekürzte Schreibweise für das Malnehmen der gleichen Zahlen.
Beispielsweise ist 3^4 eine Potenz und die abgekürzte Schreibweise für $3 \cdot 3 \cdot 3 \cdot 3$.

Die Grundzahl (= Basis) nennt die Zahl, die malgenommen wird.
Die Hochzahl gibt an, wie oft diese Zahl malgenommen wird.
Das Ergebnis des Malnehmens bezeichnet man als Potenzwert.

4^3 – Hochzahl (= Exponent); Grundzahl (= Basis)

$$4^3 = 4 \cdot 4 \cdot 4 = 64$$ Potenzwert

Beispiel für das Potenzieren eines Bruches:

$$\left(\frac{2}{5}\right)^4 = \frac{2}{5} \cdot \frac{2}{5} \cdot \frac{2}{5} \cdot \frac{2}{5} = \frac{16}{625}$$

Potenzen kommen unter anderem vor in der Planimetrie (= Flächenlehre) und der Stereometrie (= Raumlehre). So lautet die Formel für die Berechnung des Flächeninhalts eines Quadrates $A = a^2 = a \cdot a$.
Die Formel für das Volumen eines Würfels heißt $V = a^3 = a \cdot a \cdot a$.

Wurzeln sind das Gegenteil von Potenzen.

Beispiel:

$$\sqrt[4]{81} = 3, \text{ denn } 3 \cdot 3 \cdot 3 \cdot 3 = 81$$

Wurzelhochzahl (= Wurzelexponent) → $\sqrt[4]{81} = 3$ ← Wurzelwert; Wurzelgrundzahl (= Radikand)

Man kann sagen: Der Wurzelwert ist die Zahl, die – entsprechend so oft mit sich selbst malgenommen wie die Wurzelhochzahl anzeigt – die Wurzelgrundzahl als Resultat hat.

Bei Quadratwurzeln wird normalerweise anstelle von $\sqrt[2]{}$ nur $\sqrt{}$ geschrieben.

Auf Wurzeln trifft man u. a. ebenfalls in der Planimetrie und Stereometrie, so bei der Berechnung der Seitenlänge eines Quadrates sowie der Berechnung der Seitenlänge eines Würfels:

$$a_{Quadrat} = \sqrt{A}$$
$$a_{Würfel} = \sqrt[3]{A}$$

Achtung: Potenzen und Wurzeln sind höhere Rechenarten, d. h. sie haben bei Rechenoperationen Vorrang vor den Grundrechenarten.

7 Potenzen und Wurzeln

Aufgabe 1 Berechne die folgenden Potenzen.

a) 9^2 b) 12^2 c) 7^2 d) 10^2
e) 15^2 f) 20^2 g) $0{,}1^2$ h) $(\frac{3}{4})^2$

Aufgabe 2 Bestimme die Quadratwurzel aus

a) $\sqrt{9}$ b) $\sqrt{144}$ c) $\sqrt{121}$ d) $\sqrt{6400}$ e) $\sqrt{1{,}44}$ f) $\sqrt{900}$

Aufgabe 3 Schreibe als Zehnerpotenz.

a) 100 b) 100 000
c) 10 000 000 d) 100 000 000 000

Aufgabe 4 Stelle in wissenschaftlicher Schreibweise dar.

a) 6 230 000 000
b) 7 500 000 000 000
c) 57 600 000
d) 920 000 000 000
e) 8 910 000 000 000 000
f) 12 340 000 000 000

Aufgabe 5 Schreibe ohne Benutzung von Zehnerpotenzen.

a) $5{,}03 \cdot 10^7$
b) $64 \cdot 10^6$
c) $5{,}76 \cdot 10^4$
d) $620 \cdot 10^{12}$
e) $8{,}7 \cdot 10^{13}$
f) $32{,}37 \cdot 10^3$

Aufgabe 6 Schreibe als Zehnerpotenz.

a) 0,0001 b) 0,000000001
c) 0,01 d) 0,0000001

Aufgabe 7 Stelle in wissenschaftlicher Schreibweise dar.

a) 0,00000452
b) 0,000079
c) 0,0000000009
d) 0,246
e) 0,0000000000000039

Aufgabe 8 Schreibe ohne Benutzung von Zehnerpotenzen.

a) $5{,}03 \cdot 10^{-4}$
b) $64 \cdot 10^{-3}$
c) $5{,}76 \cdot 10^{-7}$
d) $620 \cdot 10^{-15}$
e) $8{,}7 \cdot 10^{-5}$

Aufgabe 9 Rechne vorteilhaft.

a) $\sqrt{3} \cdot \sqrt{75}$ b) $\sqrt{27} \cdot \sqrt{3}$ c) $\sqrt{96} : \sqrt{6}$ d) $\sqrt{112} : \sqrt{7}$

Aufgabe 10 Rechne wie im Beispiel.

Beispiel: $\sqrt{32} = \sqrt{16 \cdot 2} = \sqrt{16} \cdot \sqrt{2} = 4 \cdot \sqrt{2}$

a) $\sqrt{75}$ b) $\sqrt{98}$
c) $\sqrt{150}$ d) $\sqrt{108}$
e) $\sqrt{80}$ f) $\sqrt{112}$

Aufgabe 11 Wende Potenzregeln an.

a) $4^2 \cdot 4^3$ b) $3 \cdot 3^3 \cdot 3^2$
c) $7a^2 \cdot 8a^5$ d) $5a^3b^2 \cdot (a^6 - 2b^6)$
e) $(-10)^5 \cdot (-10)^2 \cdot (-10)^3$ f) $5z^3 \cdot 2z^2 \cdot 10z^4$

KOHL VERLAG Mathe für den Beruf
Alltagsgerecht und anwendungsorientiert – Best.-Nr. 11 704

8 Flächenlehre (Planimetrie)

Die Formeln für die Berechnung des Umfangs (u) und des Flächeninhalts (A) verschiedener gebräuchlicher Figuren (= Flächen) sind:

Quadrat

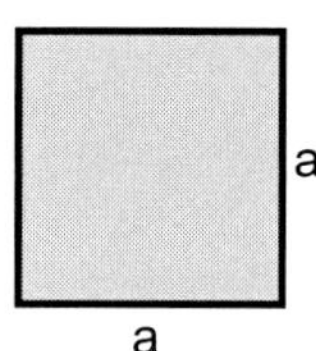

$u = a + a + a + a = 4 \cdot a$

$A = a \cdot a = a^2$

Rechteck

$u = a + b + a + b = 2 \cdot a + 2 \cdot b$

$A = a \cdot b$

Raute (Rhombus)

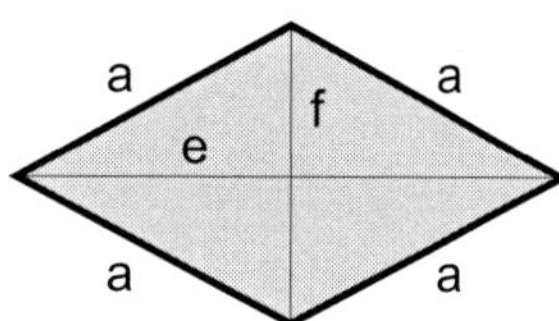

$u = a + a + a + a = 4 \cdot a$

$A = \frac{e \cdot f}{2}$

Drachen(viereck)

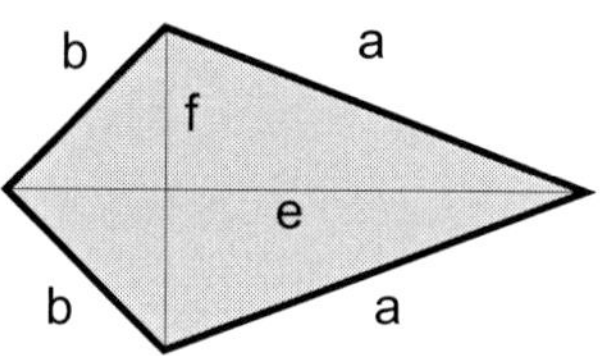

$u = a + b + a + b = 2 \cdot a + 2 \cdot b$

$A = \frac{e \cdot f}{2}$

Parallelogramm

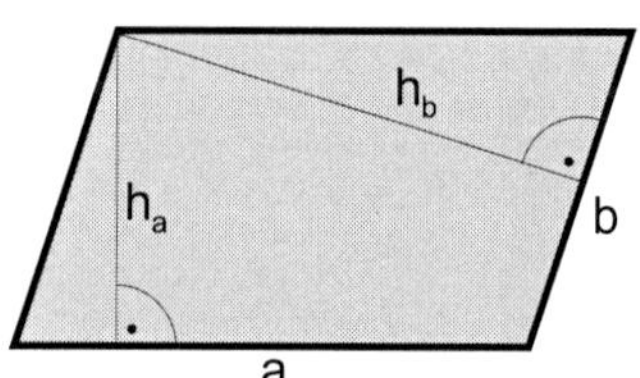

$u = a + b + a + b = 2 \cdot a + 2 \cdot b$

$A = a \cdot h_a$

$A = b \cdot h_b$

Trapez

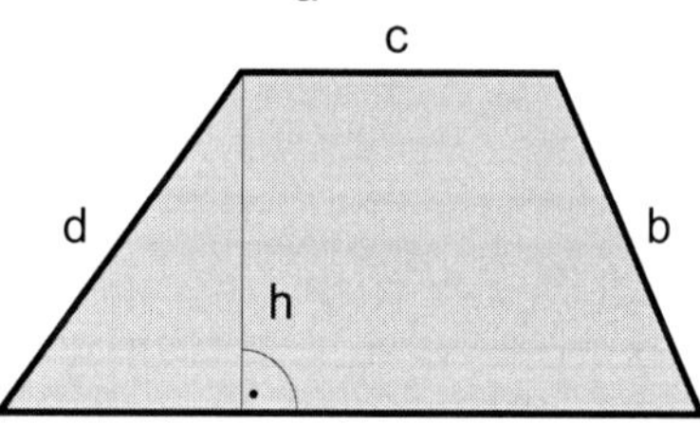

$u = a + b + c + d$

$A = \frac{a + c}{2} \cdot h$

Dreieck

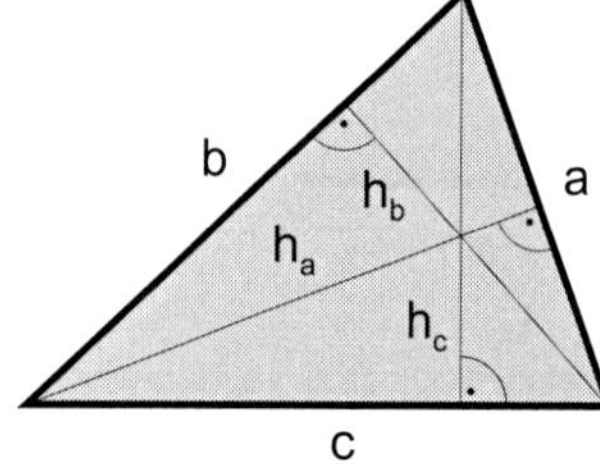

$u = a + b + c$

$A = \frac{g \cdot h}{2}$ Flächeninhalt allgemein:

$A = \frac{c \cdot h_c}{2}$ $A = \frac{a \cdot h_a}{2}$ $A = \frac{b \cdot h_b}{2}$

Kreis

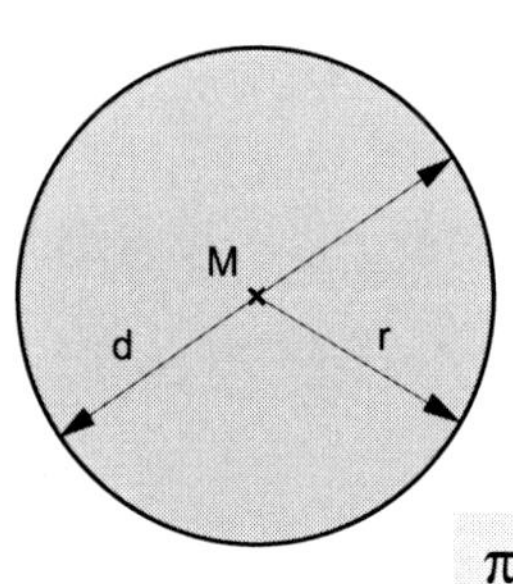

Kreisring

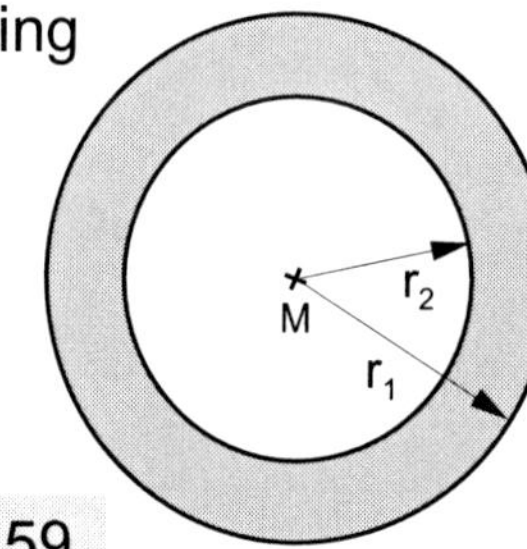

Kreissektor (Kreisausschnitt)

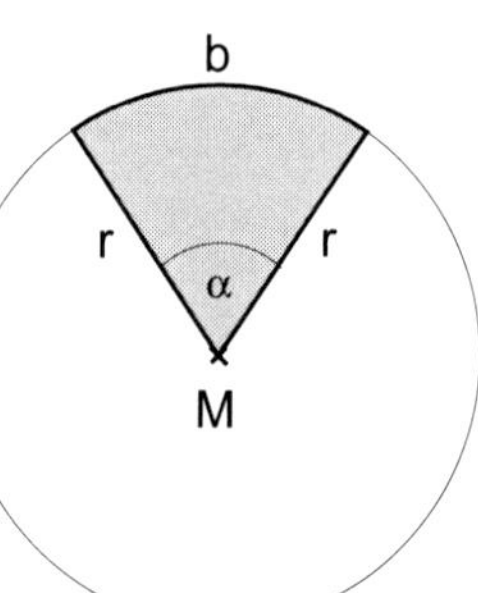

$\pi = 3{,}14159$

$u = 2 \cdot \pi \cdot r = \pi \cdot d$

$A = \pi \cdot r^2$ $A = \frac{\pi \cdot d^2}{4}$

$A = A_{\text{großer Kreis}} - A_{\text{kleiner Kreis}}$

$A = \pi \cdot r_1^2 - \pi \cdot r_2^2 = \pi \cdot (r_1^2 - r_2^2)$

$A = \frac{\pi \cdot r^2 \cdot \alpha°}{360°}$

$b = \frac{\pi \cdot r \cdot \alpha°}{180°}$

Flächenberechnung (Planimetrie)

Aufgabe 1 Berechne den Flächeninhalt der Quadrate mit den angegebenen Seitenlängen.

a) a = 12 cm b) a = 11 km c) a = 110 m

Aufgabe 2 Berechne den Flächeninhalt des Quadrates mit der angegebenen Diagonalen.

a) e = 25 dm b) e = 17 m c) e = 32 mm

Aufgabe 3 Berechne den Flächeninhalt und Umfang der folgenden Rechtecke.

Länge a	9 cm	13 mm	12 m	2 km	64 dm
Breite b	8 cm	21 mm	6 m	7 km	16 dm
Flächeninhalt A					
Umfang u					

Aufgabe 4 Berechne die fehlenden Größen im Rechteck.

Länge a	45 m	23 mm		4 km	
Breite b	8 m		7 m	80 m	41 dm
Flächeninhalt A		391 mm²	84 m²		
Umfang u					142 dm

Aufgabe 5 Berechne den Flächeninhalt der Raute.

a) e = 12 cm; f = 9 cm b) e = 8,6 dm; f = 12,9 dm
c) e = 19 mm; f = 5,2 cm d) e = 7 m; f = 8,7 dm

Aufgabe 6 Berechne die fehlende Größe des Drachens.

Diagonale e	45 m	23 mm		4 km	
Diagonale f	18 m		7 m	80 m	14,5 dm
Flächeninhalt A		391 mm²	84 m²		0,9425 m²

Aufgabe 7 Ein Glaser soll aus buntem Glas ein sternförmiges Muster für ein Fenster herstellen. Berechne, wie viel dm² Glas er benötigt.

a)

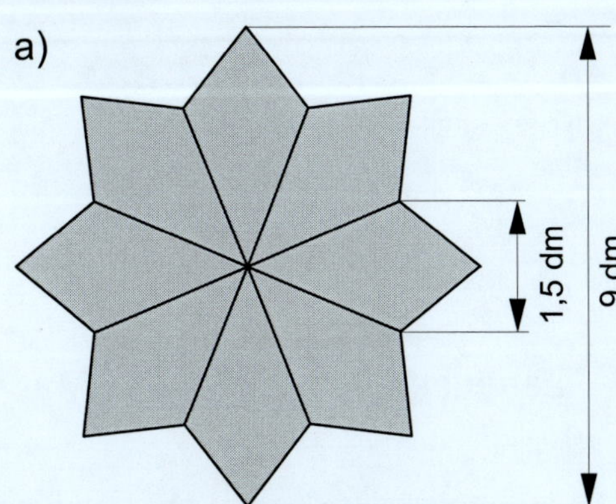

b)

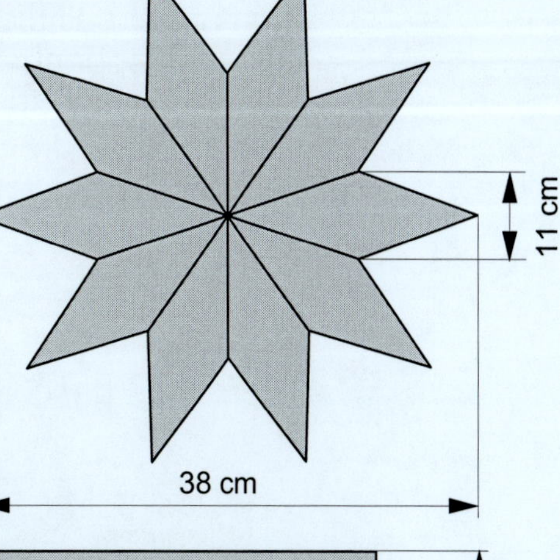

Aufgabe 8 Aus einem Blech, bei dem 1 dm² 120 g wiegt, wurde eine Raute ausgestanzt. Wie schwer ist das Blech? Gib in kg an.

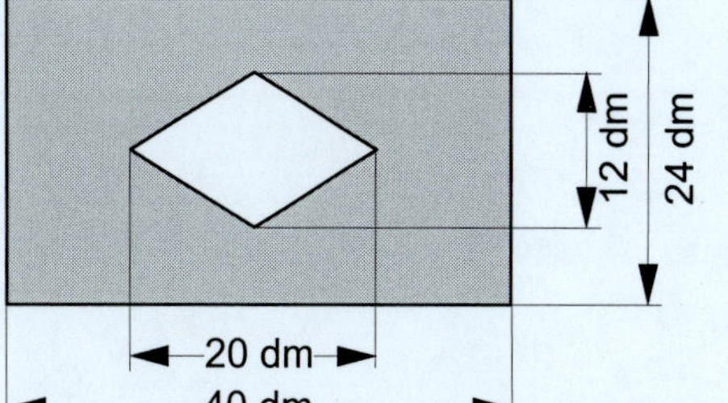

Mathe für den Beruf
Alltagsgerecht und anwendungsorientiert – Best.-Nr. 11 704
KOHL VERLAG

Aufgabe 9 Ein Kirchturmdach wird mit Schieferplatten neu gedeckt.
1 m^2 kostet 570 €.
Wie groß sind die Kosten, die auf die Kirchengemeinde zukommen?

Aufgabe 10 Berechne die fehlenden Größen des Dreiecks.

Seite b	34 m		73 cm
Seite c	44 m	16 mm	48 cm
Höhe h_b		8 mm	
Höhe h_c		6 mm	
Flächeninhalt A	374 m^2		1971 cm^2

Aufgabe 11 Berechne die angegebenen Größen für ein Trapez.
a) a = 18 cm, c = 8 cm, h = 6 cm, A
b) c = 6 cm, m = 4,5 cm, A = 15,3 cm^2, a und h

Aufgabe 12 Ein trapezförmiges Grundstück mit den angegebenen Abmessungen soll gegen ein rechteckiges Grundstück mit einer Länge von 33 m getauscht werden. Wie breit muss dieses Grundstück sein?

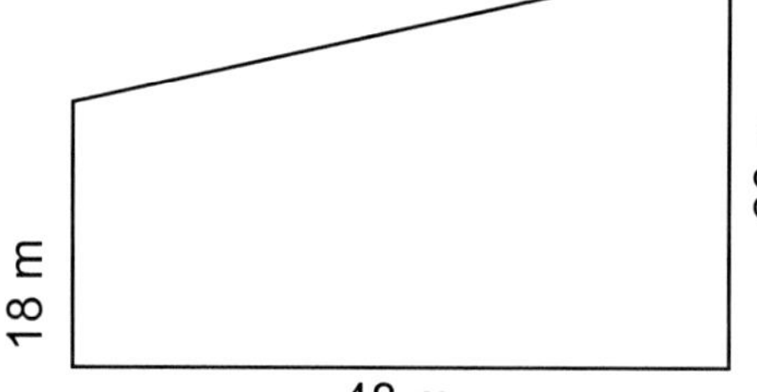

Aufgabe 13 Berechne den Flächeninhalt der Figur.

a)
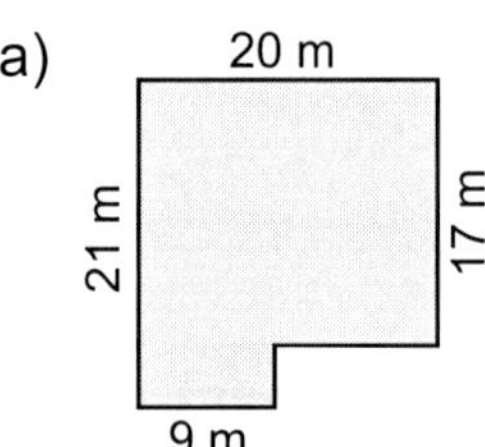

b)
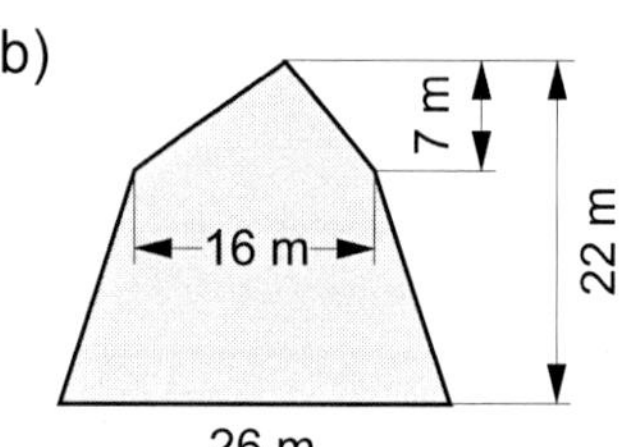

c)
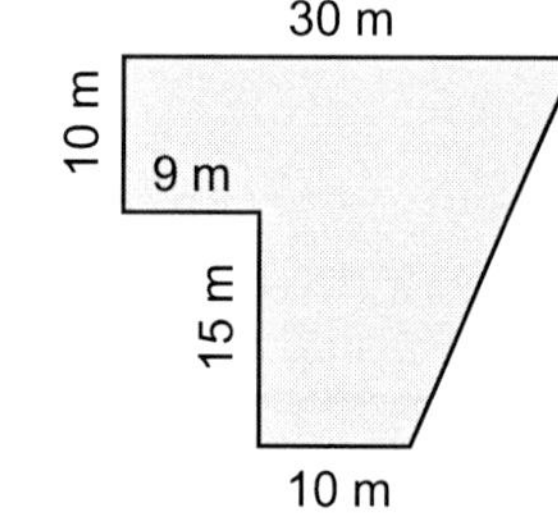

Aufgabe 14 Ein Maler soll die Wand eines Treppenhauses mit einem Reibeputz versehen. Wie groß ist die Fläche, die er verputzen muss?

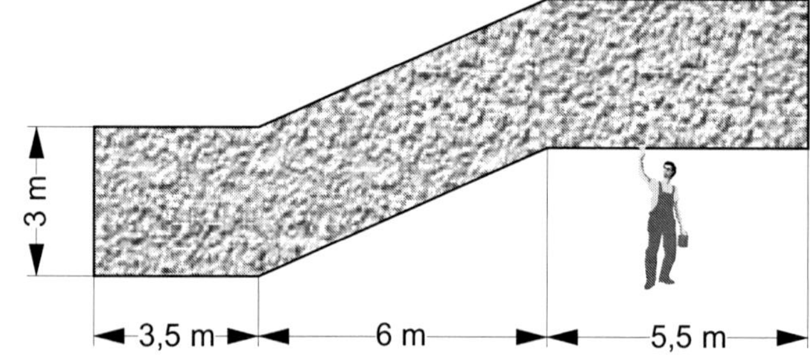

Aufgabe 15 Berechne geschickt den Flächeninhalt als Differenz. Maße in mm.

a) b) c)
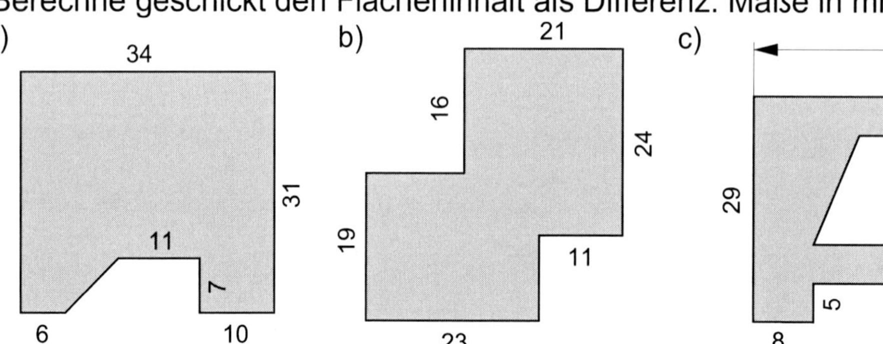

Aufgabe 16 Am 30. Juni 1908 schlug in Sibirien ein Riesenmeteorit ein. Die Druckwelle richtete bis 65 km vom Einschlagzentrum Zerstörungen an.
Wie groß war die betroffene Fläche?

Aufgabe 17 Wie lang ist die Seite eines Quadrates, das einer Kreisfläche mit dem Radius r = 6,5 cm flächengleich ist?

Aufgabe 18 Berechne die fehlenden Größen in einem Kreis.

r	4 dm				
u		47 cm		23 km	
A			68 mm²		370 m²

Aufgabe 19 Ein Autoreifen hat einen Durchmesser von 57 cm.
Wie viele Umdrehungen macht das Rad bei einer Fahrt von 75 km Länge?

Aufgabe 20 Das Rad eines Förderturms hat einen Radius von 2,08 m. Um wie viel m wird der Förderkorb bei 180 Umdrehungen des Rades gehoben?

Aufgabe 21 Aus einem quadratischen Brett mit der Seitenlänge 48 cm werden kreisrunde Scheiben ausgesägt.

a) Wie groß ist eine Scheibe?
b) Wie groß ist der Abfall in %?
c) Die Scheiben werden rundum zum Schutz mit Tesafilm versehen. Wie viel cm Tesafilm werden mindestens für eine Scheibe benötigt?

Aufgabe 22 In 200 km Entfernung umkreist eine Raumstation die Erde (Erdradius 6370 km). Für einen Durchlauf braucht die Station 88 Minuten. Berechne die Länge der Umlaufbahn und die Geschwindigkeit der Raumstation.

Aufgabe 23 Um das kreisrunde Beet einer Anlage führt ein 1,50 m breiter Weg. Das Beet hat einen Durchmesser von 9 m. Berechne die Wegfläche.

Aufgabe 24 Ein Kreisausschnitt hat eine Fläche von 160 cm² bei einer Bogenlänge von 14,3 cm. Berechne den Radius r und den Winkel α dieses Kreisausschnitts.

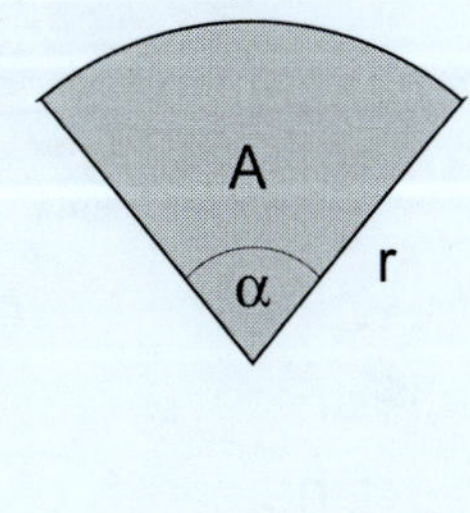

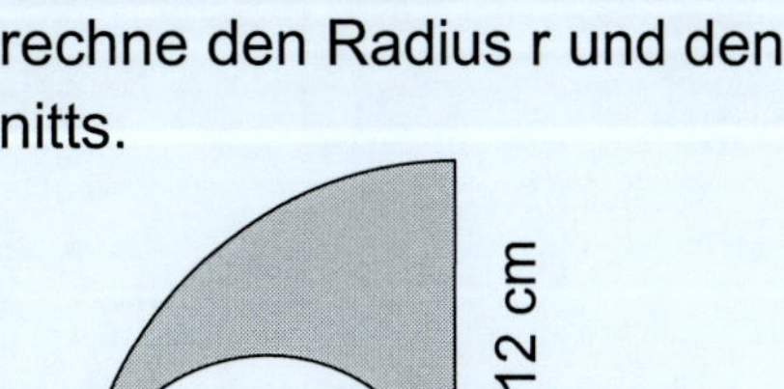

Aufgabe 25 Berechne den Flächeninhalt der gekennzeichneten Figur.

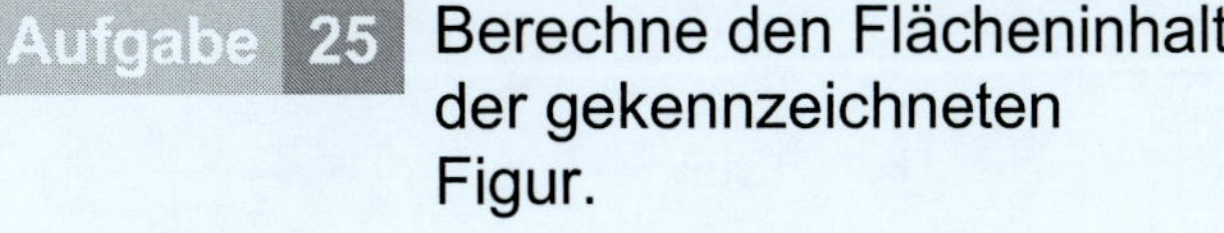

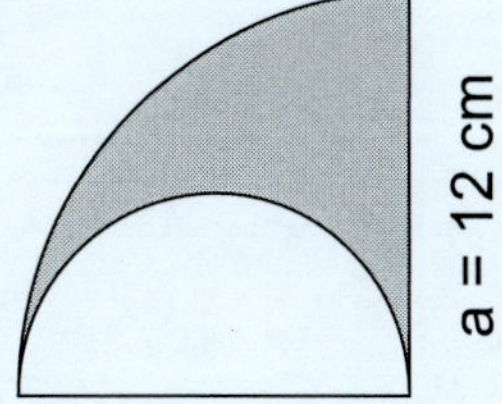

Aufgabe 26 Berechne den Flächeninhalt der gekennzeichneten Fläche.

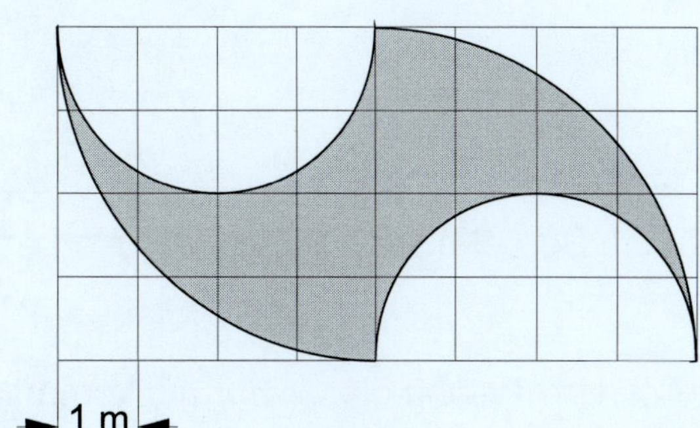

Mathe für den Beruf
Alltagsgerecht und anwendungsorientiert – Best.-Nr. 11 704
KOHL VERLAG

9 Der Satz des Pythagoras

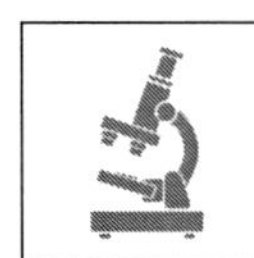
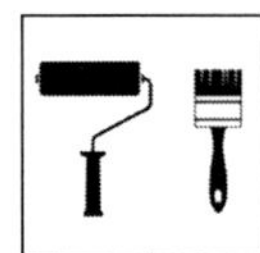
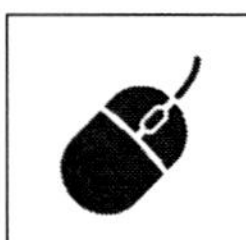

Der Satz des Pythagoras ist wichtig. Damit lässt sich in rechtwinkligen Dreiecken jeweils die Länge der dritten Seite berechnen, wenn die Längen der beiden anderen Seiten bekannt sind.

> In Worten besagt der Satz des Pythagoras:
> In jedem rechtwinkligen Dreieck sind die beiden Quadrate der zwei Katheten zusammen genauso groß wie das Quadrat der Hypotenuse.

Mit der Hypotenuse ist jeweils die längste Seite im rechtwinkligen (= 90°) Dreieck gemeint. Die Hypotenuse liegt immer gegenüber dem 90°-Winkel. Die beiden anderen Seiten im rechtwinkligen Dreieck, die die Schenkel des 90°-Winkels bilden, heißen Katheten.

Der Satz des Pythagoras zeichnerisch dargestellt und als Formel:

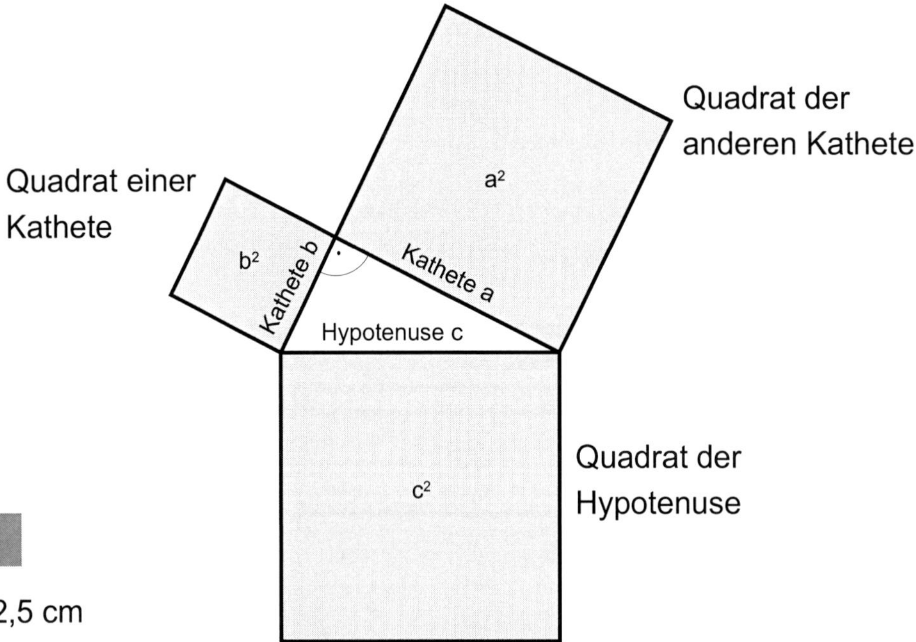

Beispiel :

Hypotenuse 2,5 cm
Kathete$_1$ 2 cm
Kathete$_2$ 1,5 cm

$$(\text{Hypotenuse})^2 = (\text{Kathete}_1)^2 + (\text{Kathete}_2)^2$$
$$(2{,}5\text{ cm})^2 = (2\text{cm})^2 + (1{,}5\text{ cm})^2$$
$$6{,}25\text{ cm}^2 = 4\text{ cm}^2 + 2{,}25\text{ cm}^2$$
$$6{,}25\text{ cm}^2 = 6{,}25\text{ cm}^2 \quad |\sqrt{\ }$$
$$2{,}5\text{ cm} = 2{,}5\text{ cm}$$

Für die Berechnung der Hypotenusen ergibt sich allgemein die Formel:

$$(\text{Hypotenuse})^2 = (\text{Kathete}_1)^2 + (\text{Kathete}_2)^2 \qquad c^2 = a^2 + b^2$$

Durch Umstellung dieser Formel kommt für die Berechnung der Katheten zustande:

$$(\text{Kathete}_1)^2 = (\text{Hypotenuse})^2 - (\text{Kathete}_2)^2 \qquad a^2 = c^2 - b^2$$
$$(\text{Kathete}_2)^2 = (\text{Hypotenuse})^2 - (\text{Kathete}_1)^2 \qquad b^2 = c^2 - a^2$$

9 Der Satz des Pythagoras

Aufgabe 1 Ein Kegel mit dem Durchmesser d = 8 cm ist 12 cm hoch. Wie lang ist die Mantellinie s?

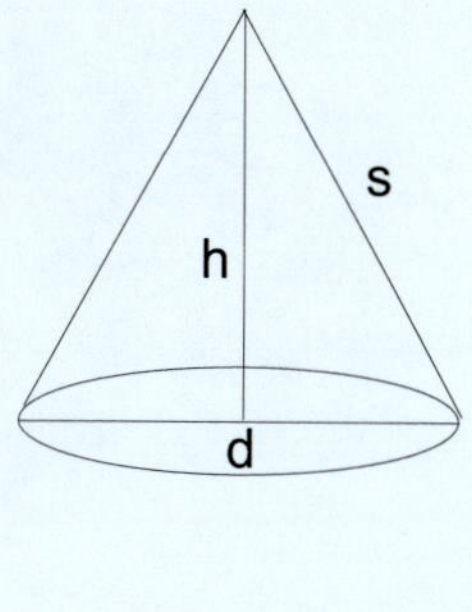

Aufgabe 2 Berechne die Länge der Seitenkante s, wenn R = 5 cm, r = 3 cm und h = 7 cm betragen.

Aufgabe 3 Von einer rechtwinkligen Straßenkreuzung entfernen sich zwei Autofahrer mit gleichmäßiger Geschwindigkeit. Ein Auto fährt 96 km/h, das andere Auto 84 km/h. Welche Luftlinienentfernung haben die Autos nach 10 Minuten, wenn die Straßen bis dahin geradlinig verlaufen?

Aufgabe 4 Eine Rettungsleiter der Feuerwehr soll das Flachdach eines Hotels, das 32 m hoch ist, erreichen können. Wie lang muss die Leiter mindestens ausgefahren werden können, wenn sie auf einem 1,5 m hohen Anhänger montiert ist und ihr unteres Ende 9 m von der Hauswand entfernt ist? Mache dir eine Skizze.

Aufgabe 5 Berechne die Luftlinienentfernung zwischen den Gipfeln des Großglockners (3797 m) und des Hahnlberges (2634 m). Auf einer Karte im Maßstab 1 : 200 000 wurde eine Entfernung von 3,8 cm abgelesen.

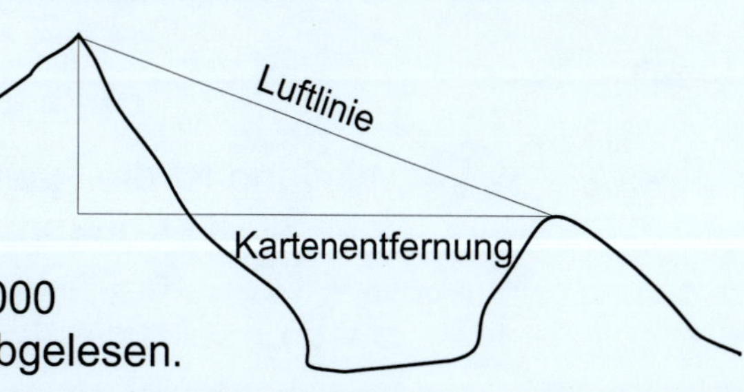

Aufgabe 6 Berechne die fehlenden Größen in einem rechtwinkligen Dreieck (a, b, c, q, p, h_c, A).

a) b = 3,9 cm, q = 1,3 cm

b) a = 8 cm, c = 10,5 cm

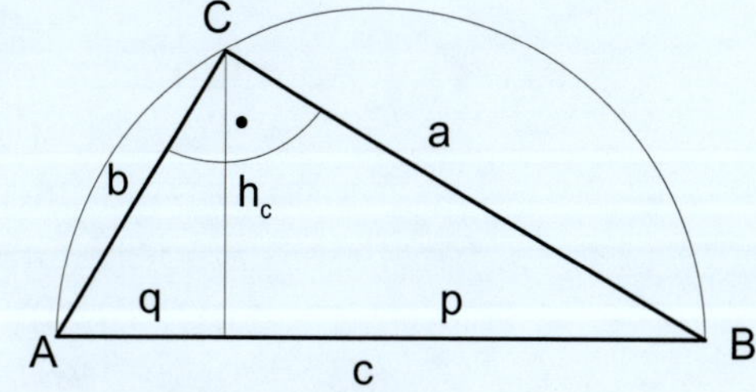

Aufgabe 7 Eine Seilbahn überwindet einen Höhenunterschied von 597 m. Auf einer Karte im Maßstab 1 : 50 000 (1 cm auf der Karte sind 50 000 cm in Wirklichkeit) beträgt die Entfernung zwischen Tal- und Bergstation 3,7 cm. Wie lang ist das Halteseil mindestens?

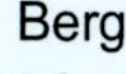

Aufgabe 8 Ein Taucher will einen 35 m breiten Fluss überqueren, kämpft gegen die starke Strömung und landet am gegenüberliegenden Ufer. Durch die Strömung wurde er um 150 m abgetrieben. Welchen Weg hat er zurückgelegt? Mache dir eine Skizze.

9 Der Satz des Pythagoras

Aufgabe 9 Ein Haus von 7,20 m Breite hat ein Satteldach mit einer Höhe von 4,20 m.
Welche Länge haben die Dachschrägen?

Aufgabe 10 Berechne die fehlenden Größen in einem rechtwinkligen Dreieck (a, b, c, q, p, h_c, A).

a) a = 4 cm, p = 3,6 cm

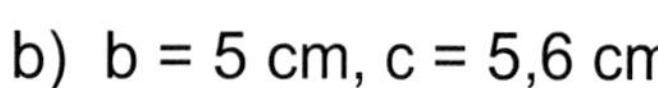

b) b = 5 cm, c = 5,6 cm

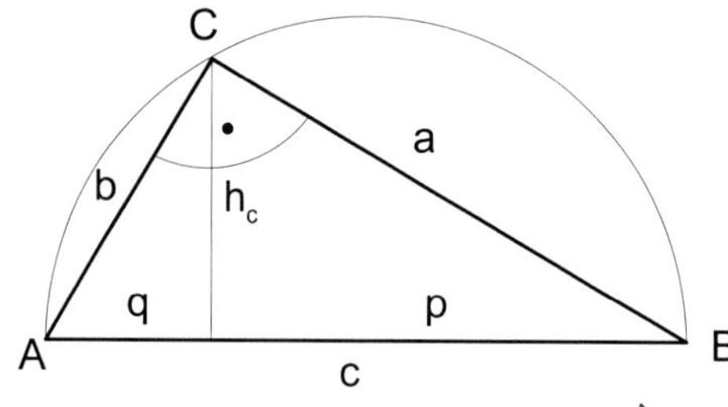

Aufgabe 11 Wie hoch ist die quadratische Pyramide?

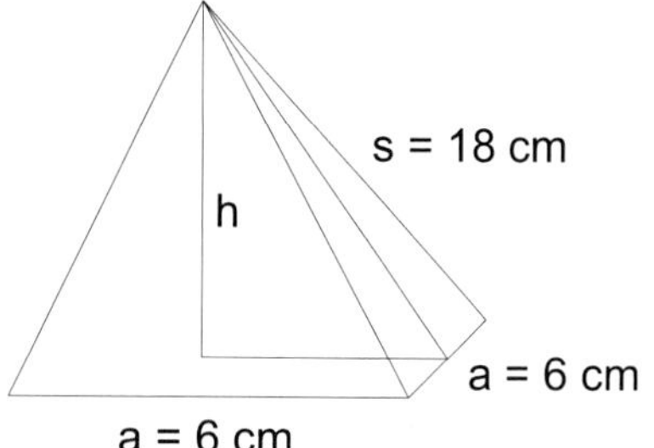

Aufgabe 12 Wie lang ist die Raumdiagonale (das ist die Verbindung von A nach G) eines Quaders mit a = 8,5 cm, b = 6 cm und c = 4,7 cm?

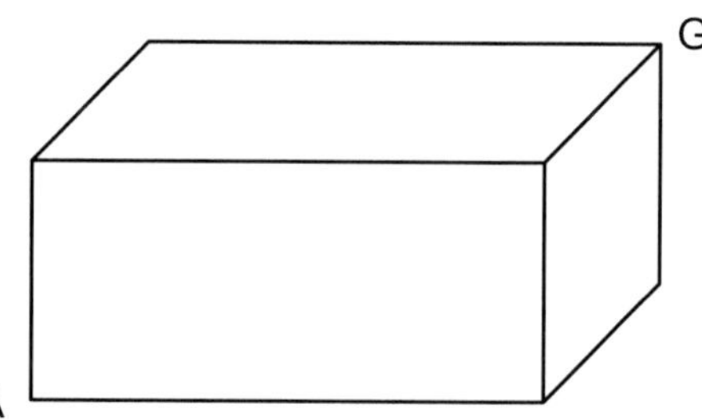

Aufgabe 13 Auf dem *Empire State Building* in *New York* befindet sich eine weit sichtbare Lichtquelle 332 m über dem Boden. Die Lichter könne noch in 130 km Entfernung auf Bodenebene wahrgenommen werden. Stimmt das?

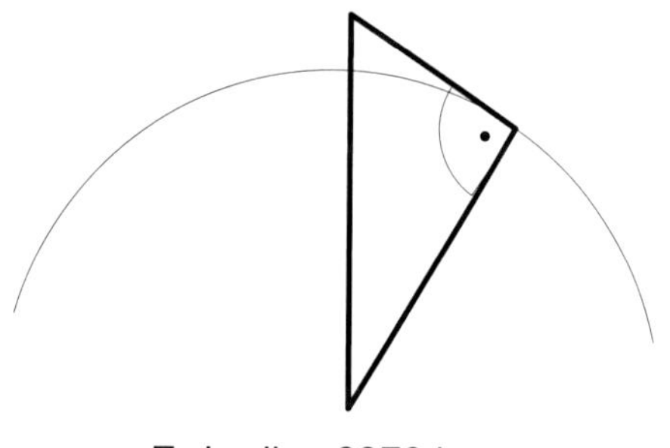

Erdradius 6370 km

Aufgabe 14 Zeichne das Fünfeck in ein Koordinatensystem und berechne die Länge der fünf Seiten.
A(3/2), B(–1/5), C(– 4/1), D(–1/– 4), E(1/– 3)

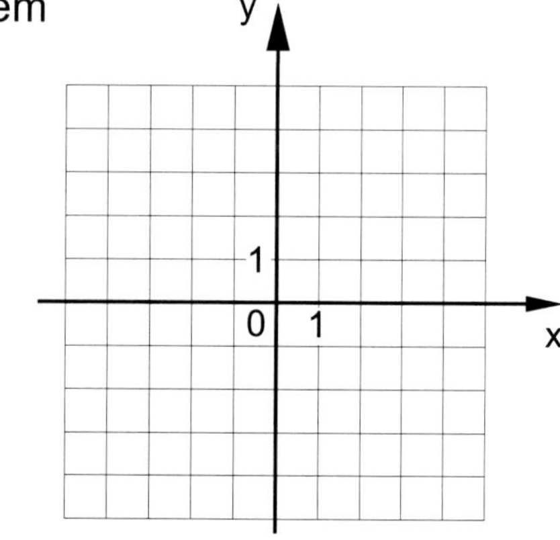

KOHL VERLAG
Mathe für den Beruf
Alltagsgerecht und anwendungsorientiert – Best.-Nr. 11 704

Aufgabe 15 Berechne die fehlenden Größen in einem rechtwinkligen Dreieck (a, b, c, q, p, h_c, A).

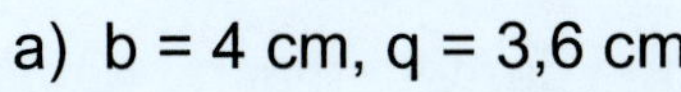

a) b = 4 cm, q = 3,6 cm

b) a = 5 cm, b = 5,6 cm

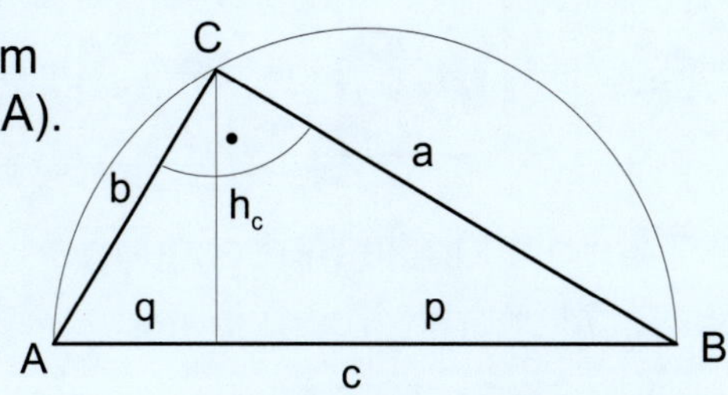

Aufgabe 16 Der Rand und die Trennfugen (a - d) eines Zierfensters sollen in Blei gefasst werden. Berechne die Gesamtlänge der Fassungen.

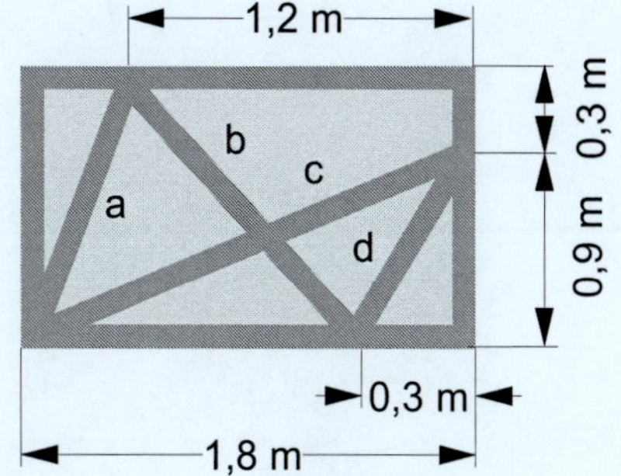

Aufgabe 17 Für den 25 m² großen, quadratischen Hubschrauberlandeplatz eines Krankenhauses sollen die beiden Diagonalen durch einen roten Farbanstrich kenntlich gemacht werden. Wie lang sind die roten Linien zusammen?

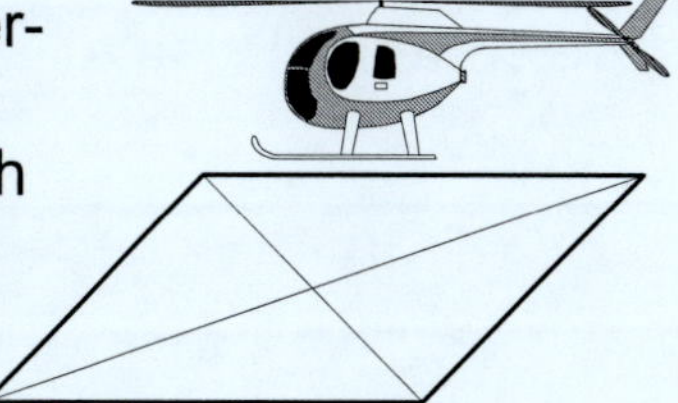

Aufgabe 18 Berechne die Längen der Stahlträger x_1, x_2 und x_3 dieser Fabrikhalle. Die Dicke der Träger soll nicht berücksichtigt werden.

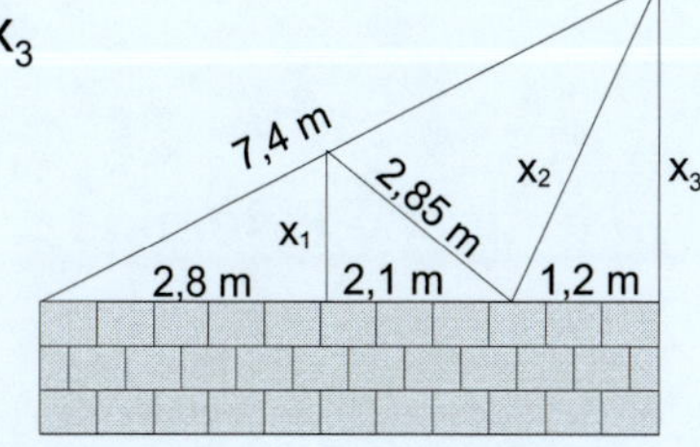

Aufgabe 19 Ein Baum mit einer Länge von 5 m wird durch einen Sturm umgeknickt. Die Spitze des Baumes erreicht den Boden in einer Entfernung von 2 m vom Fuß des Stammes. In welcher Höhe ist der Baum abgeknickt?

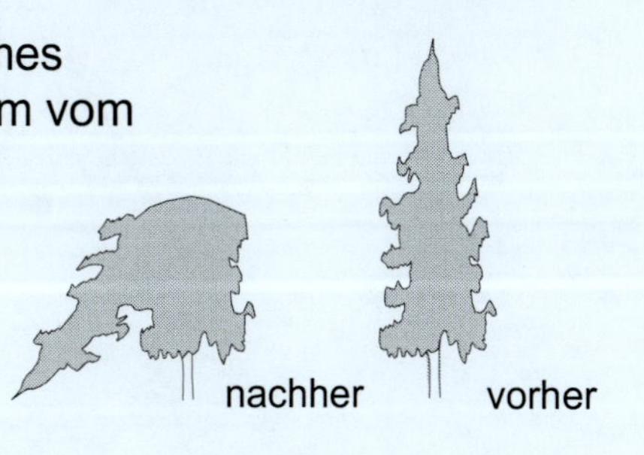

Aufgabe 20

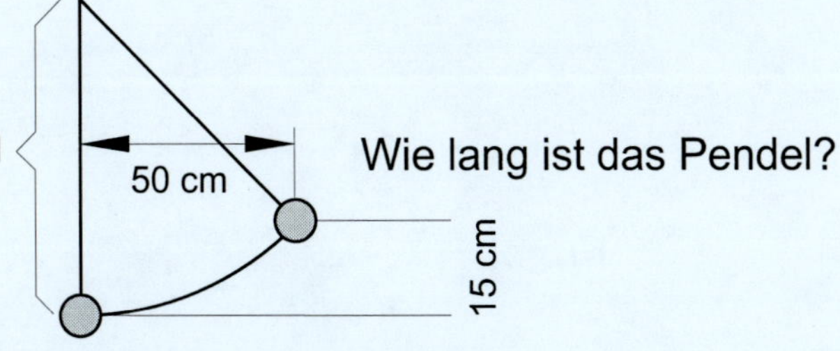

Wie lang ist das Pendel?

Aufgabe 21 Berechne den Radius des Umkreises.
TIPP:
Die Seitenhalbierenden eines Dreiecks schneiden sich im Verhältnis 1 : 2.

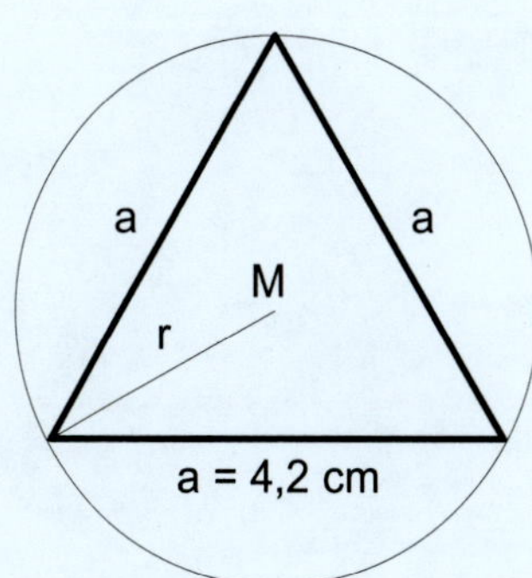

Mathe für den Beruf
Alltagsgerecht und anwendungsorientiert – Best.-Nr. 11 704
KOHL VERLAG

10 Räumliche Geometrie (Stereometrie)

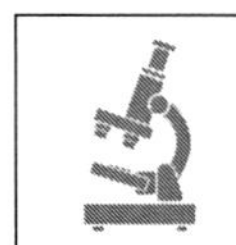
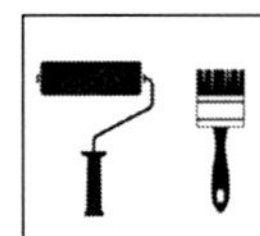
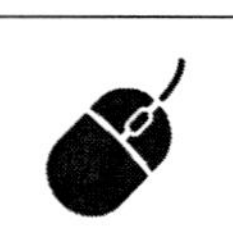

Die Formeln für die Berechnung des Volumens (V) und der Oberfläche (O) von gebräuchlichen Körpern lauten:

Würfel

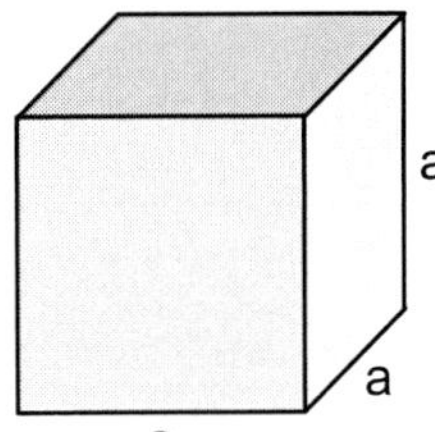

$V = a \cdot a \cdot a = a^3$

$O = 6 \cdot a \cdot a = 6 \cdot a^2$

Quader (Rechtecksäule)

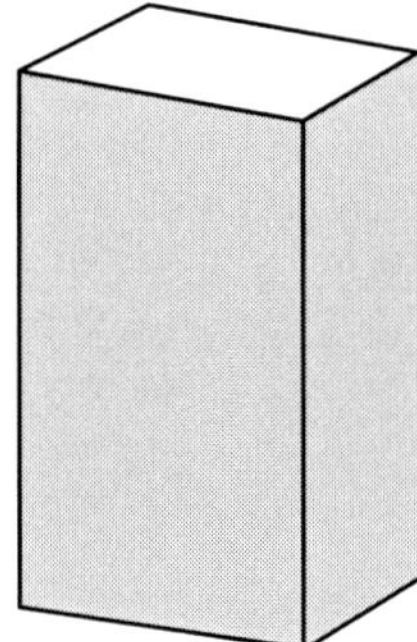

$V = a \cdot b \cdot c$

$O = 2 \cdot a \cdot b + 2 \cdot a \cdot c + 2 \cdot b \cdot c$

Dreieckssäule (dreiseitiges Prisma)

$V = G \cdot h$

G = Grundfläche

$O = 2 \cdot G + M$

M = Mantelfläche

$M = u \cdot h$

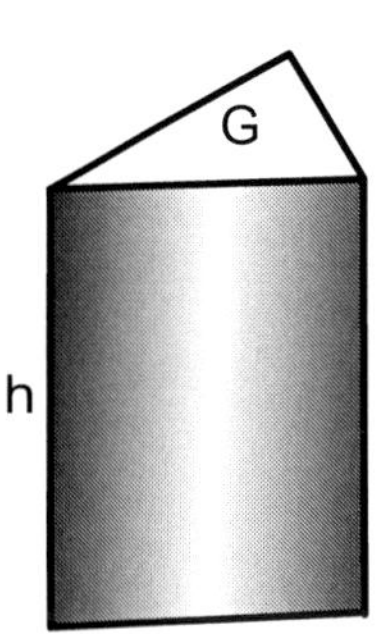

quadratische Pyramide

$V = \frac{a \cdot a \cdot h}{3} = \frac{a^2 \cdot h}{3}$

$O = a \cdot a + 4 \cdot \frac{a \cdot h_a}{2}$

$O = a^2 + 2 \cdot a \cdot h_a$

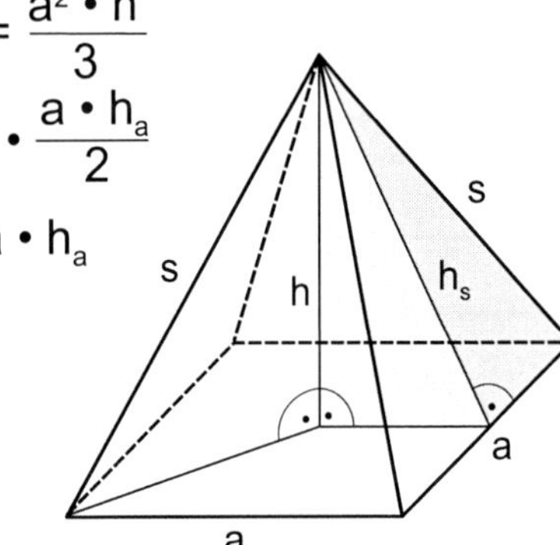

Zylinder (Rundsäule)

$V = r \cdot r \cdot \pi \cdot h = r^2 \cdot \pi \cdot h$

$O = 2 \cdot r^2 \cdot \pi + 2 \cdot r \cdot \pi \cdot h$

<u>oder</u> $O = 2 \cdot \pi \cdot r \cdot (r + h)$

Kegel

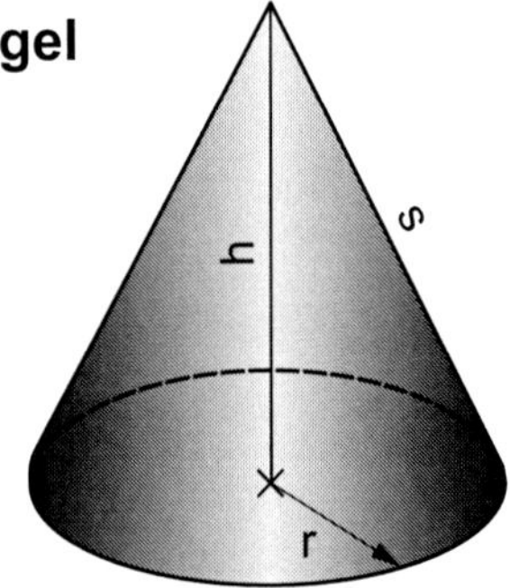

$V = \frac{r \cdot r \cdot \pi \cdot h}{3} = \frac{r^2 \cdot \pi \cdot h}{3}$

$O = r^2 \cdot \pi + r \cdot \pi \cdot s$

<u>oder</u> $O = \pi \cdot r \cdot (r + s)$

Kugel

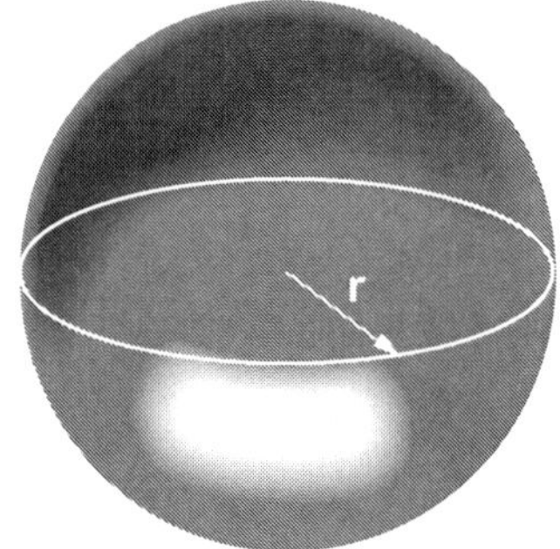

$V = \frac{4 \cdot r \cdot r \cdot r \cdot \pi}{3} = \frac{4 \cdot r^3 \cdot \pi}{3}$

$O = 4 \cdot r \cdot r \cdot \pi = 4 \cdot r^2 \cdot \pi$

$\pi = 3{,}14159$

10 Räumliche Geometrie (Stereometrie)

Aufgabe 1 Ein 60 cm langes und 45 cm hohes Aquarium wird mit 8 Eimern Wasser zu je 17 l bis zum Rand gefüllt. Wie breit ist das Aquarium?

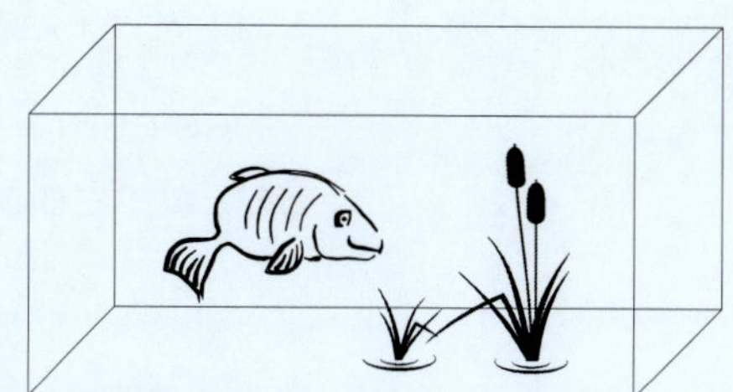

Aufgabe 2 Das Volumen eines Würfels beträgt 157,464 cm^3. Wie groß ist seine Oberfläche?

Aufgabe 3 Welche Länge hat ein Balken aus Tannenholz ($\rho = 0{,}6 \frac{g}{cm^3}$) mit dem Querschnitt 20 cm x 10 cm und einer Masse m von 54 kg?

Aufgabe 4 Welches Volumen hat ein Würfel, der eine Oberfläche von 253,50 m^2 hat?

Aufgabe 5 Ein rechteckiger Gartenweg von 32 m Länge und 1,25 m Breite soll 8 cm hoch mit Kies beschüttet werden. Wie viel m^3 Kies sind nötig und wie viel Tonnen wiegt der Kies ($\rho = 1{,}9 \frac{g}{cm^3}$)?

Aufgabe 6 Bestimme aus den gegebenen Stücken eines Würfels die Seitenkante a, das Volumen, die Oberfläche, die Raumdiagonale d und die Flächendiagonale e.

a) e = 20 cm b) d = 14 cm c) O = 121,5 cm^2 d) V = 216 cm^3

Aufgabe 7 Die Edertalsperre fasst 202 000 000 m^3 Wasser. Welche Seitenlänge hätte eine quadratische Fläche, die mit dieser Wassermenge 500 m hoch bedeckt wäre?

Aufgabe 8 Berechne O und V einer gleichschenkligen Trapezsäule mit a = 32 cm, c = 24 cm, h_{Trapez} = 12 cm und $h_{Körper}$ = 90 cm.

Aufgabe 9 Die Oberfläche eines Würfels beträgt 300 cm^2. Berechne das Volumen des Würfels.

Aufgabe 10 Eine Säule aus Eichenholz ($\rho = 0{,}9 \frac{g}{cm^3}$) ist 4,20 m hoch. Ihr Querschnitt ist ein regelmäßiges Sechseck mit einer Seitenlänge von a = 15 cm. Wie viel kg wiegt diese Säule?

Aufgabe 11 Eine 3 cm dicke Kupferplatte ($\rho = 8{,}9 \frac{g}{cm^3}$) ist 50 cm lang und 30 cm breit. Wie dick muss eine gleich große Aluminiumplatte ($\rho = 2{,}7 \frac{g}{cm^3}$) sein, wenn sie das gleiche Gewicht wie die Kupferplatte haben soll?

Aufgabe 12 Wie viel Kubikmeter Fertigbeton werden benötigt, um die 10 m lange Stützmauer zu erstellen?

Wie viel Quadratmeter Steine werden benötigt, um die beiden Stirnflächen zu verblenden?

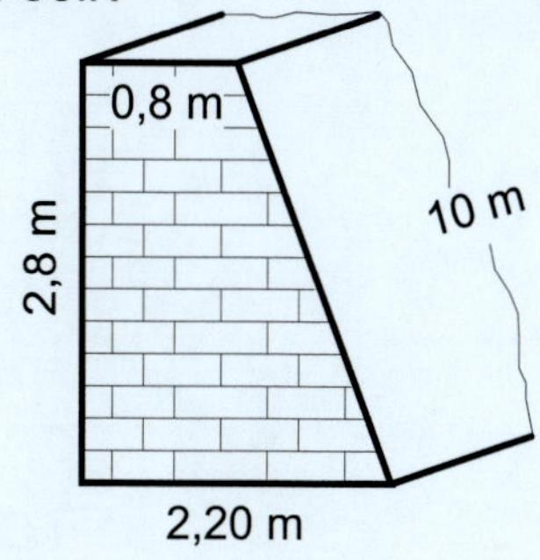

Mathe für den Beruf
Alltagsgerecht und anwendungsorientiert – Best.-Nr. 11 704
KOHL VERLAG

10 Räumliche Geometrie (Stereometrie)

Aufgabe 13 Von einem Prisma sind drei der fünf Größen u, h, G, M und O gegeben. Berechne die fehlenden Größen.

u	12 cm		20 m		280 m
h	8 cm	7 dm		1,4 m	
G	30 cm	40 dm^2	50 m^2	40 dm^2	
M		105 dm^2	150 m^2		980 m^2
O				6,96 m^2	1250 m^2

Aufgabe 14 Beim Abriß seines Hauses ist ein T-Träger aus Eisen von 2,50 m Länge übriggeblieben. Welchen Preis kann Herr Meier bekommen, wenn für 1 kg Alteisen 0,15 € bezahlt wird? Die Dichte ρ von Eisen beträgt $7{,}8\,\frac{kg}{dm^3}$?

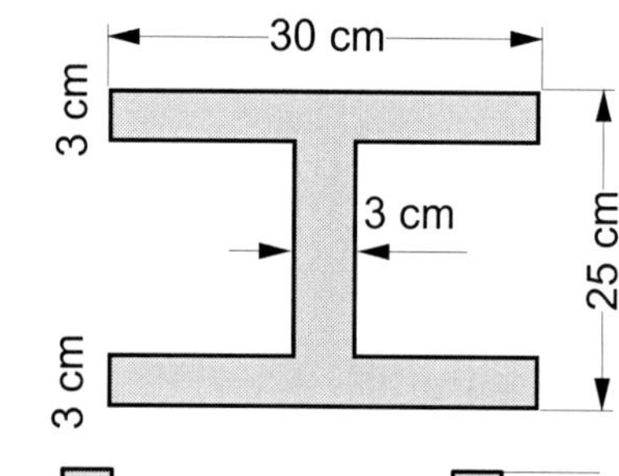

Aufgabe 15 Das Bild zeigt den Querschnitt eines Eisenträgers (Maße in cm, Länge des Trägers 3,50 m).
Berechne das Gewicht des Eisenträgers.
(1 cm^3 Eisen wiegt 7,4 g).

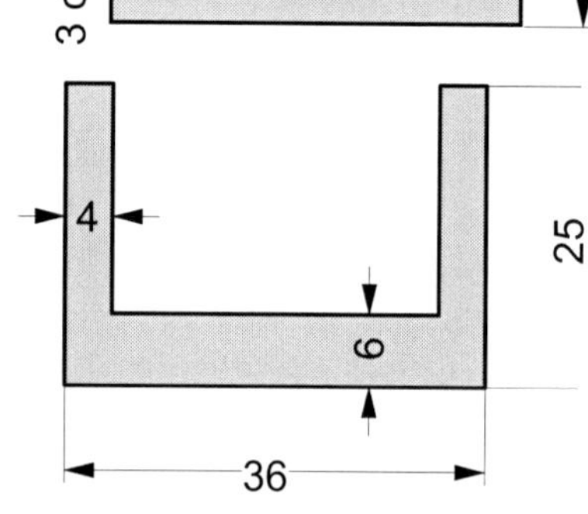

Aufgabe 16 Die Schaufel einer Planierraupe hat nebenstehende Seitenfläche und ist 3,20 m breit.
Wie viel m^3 Erde kann die Schaufel laden, wenn sie gestrichen voll ist?

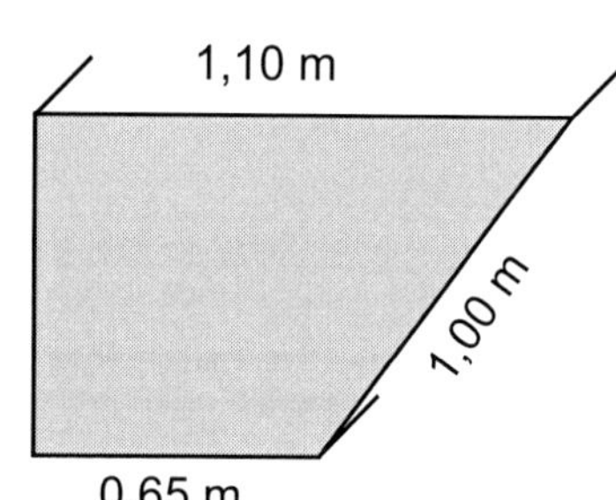

Aufgabe 17 Berechne das Volumen (Maße in dm).

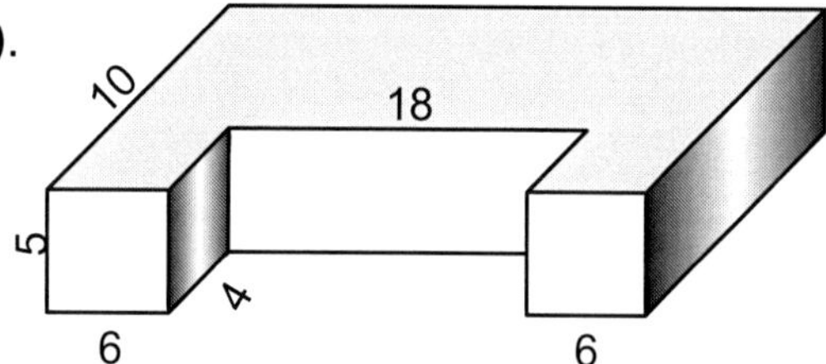

Aufgabe 18 Wie schwer sind 100 m Kupferdraht von 2,4 mm Dicke ($\rho = 8{,}9\,\frac{g}{cm^3}$)?

Aufgabe 19 Herr Frey besitzt eine kanadische Goldmünze „Maple Leaf" mit einem Durchmesser von 30 mm, die 31,1035 g wiegt. Da sie aus purem Gold besteht, entspricht ihr spezifisches Gewicht dem von Gold.
(1 cm^3 Gold wiegt 19,3 g). Berechne die Dicke der Münze.

Aufgabe 20 Das Volumen eines Zylinders beträgt 24531,25 cm^3, sein Durchmesser d = 25 cm.
Berechne seine Oberfläche.

Räumliche Geometrie (Stereometrie)

Aufgabe 21 Eine Litfaßsäule - eine Anschlagsäule, die zuerst von dem Drucker E. Litfaß am 1. 7. 1855 als Werbemedium aufgestellt wurde - hat einen äußeren Durchmesser von 1,16 m und eine Wandstärke von 12 cm. Sie ist 2,20 m hoch. Die Kannen-Brauerei will für ein Preisausschreiben wissen, wie viele Liter Altbier in diese Säule passen könnten.

Aufgabe 22 Ein Brunnen mit einer Tiefe von 9,80 m und einem lichten Durchmesser von 164 cm ist zu 75 % mit Wasser gefüllt.
Wie viel Wasser (in l) steht in dem Brunnen?
Die Mauerstärke des Brunnens beträgt 25 cm. Berechne das Volumen des Mauerwerks.

Aufgabe 23 Die Mantelfäche eines Zylinders beträgt 785 cm², sein Radius 5 cm.
Berechne die Oberfläche O und das Volumen V des Zylinders.

Aufgabe 24 Ein 2 m hoher, kegelförmiger Sandhaufen mit einem Durchmesser von 10 m soll mit einem Lkw abgefahren werden. Die Ladefläche ist 2,30 m lang und 1,40 m breit. Die Ladehöhe kann bis zu 70 cm betragen.
Wie oft muss der Lkw fahren?

Aufgabe 25 Wie viel m² Blech sind zur Herstellung von 2000 Konservendosen nötig, wenn der Inhalt jeder Dose 1 l und der Durchmesser 10 cm betragen soll?
Für Falzung und Verschnitt rechnet der Hersteller mit 15 % Verlust.

Aufgabe 26 Bei einem geraden Kegel ist M = 300 cm² und s = 20 cm.
Berechne die Höhe h, die Oberfläche O und das Volumen V.

Aufgabe 27 Ein kegelförmiger Messbecher soll genau einen Liter fassen bei einer Höhe von 15 cm. Wie groß muss der Durchmesser des Messbechers gewählt werden?

Aufgabe 28 Von einem Kegel sind gegeben: O = 251,2 cm², r = 4 cm.
Berechne das Volumen.

Aufgabe 29 Die Höhe der Cheopspyramide in Ägypten betrug früher 146,5 m, jetzt misst sie 137 m. Die Kante der quadratischen Grundfläche betrug 232,5 m, jetzt misst sie 227,5 m. Wie viel Material (in m³) ist im Laufe der Jahrhunderte verwittert?

Aufgabe 30 Der Radius der Erde beträgt 6378 km, der des Mondes 1738 km.
a) Berechne Oberfläche und Volumen beider Himmelskörper.
b) Das durchschnittliche Gewicht beträgt bei der Erde 5,56 $\frac{kg}{dm^3}$, beim Mond 3,324 $\frac{kg}{dm^3}$. Berechne die Masse beider Körper.

Aufgabe 31 Eine halbkugelförmige Suppenkelle fasst 250 cm³. Welchen Durchmesser hat diese Kelle außen, wenn das Metall 1 mm dick ist?

Aufgabe 32 Mit einem Zerstäuber werden 10 cm³ Parfüm zerstäubt. Wie viele kugelförmige Tröpfchen entstehen, wenn jedes einen Radius von 0,02 cm hat?

Aufgabe 33 Ein Ölfilm, der auf dem Wasser schwimmt, hat eine kreisförmige Gestalt mit d = 1 m. Sie ist aus einem kugelförmigen Öltropfen von 0,5 cm Durchmesser entstanden.Wie dick ist die Ölschicht?

Mathe für den Beruf
Alltagsgerecht und anwendungsorientiert – Best.-Nr. 11 704
KOHL VERLAG

11 Trigonometrie

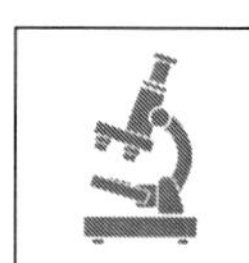
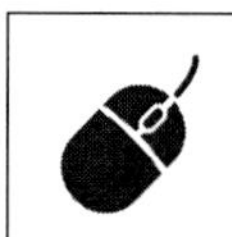

Trigonometrie = Dreiecksmessung oder Dreiecksberechnung

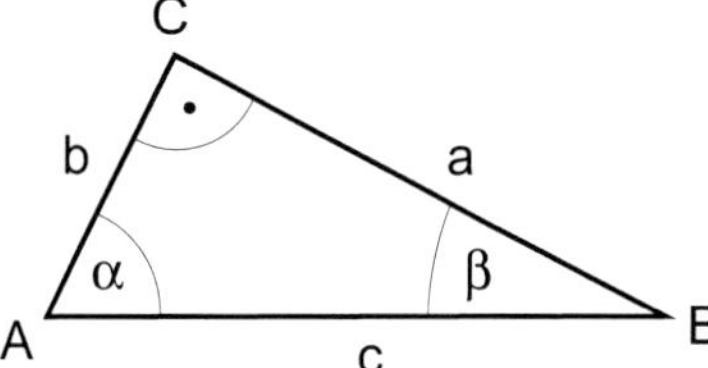

Sinusfunktion: In einem rechtwinkligen Dreieck ist der *Sinus* eines Winkels das Verhältnis der *Gegenkathete* zur *Hypotenuse*. Mit anderen Worten: In einem rechtwinkligen Dreieck ist der *Sinus* eines Winkels gleich dem Quotienten aus der *Gegenkathete* dieses Winkels und der *Hypotenuse*.

Für das vorliegende rechtwinklige Dreieck gilt also:

$\sin\alpha = \frac{a}{c}$ $\qquad$ $\sin\beta = \frac{b}{c}$

Kosinusfunktion: In einem rechtwinkligen Dreieck ist der *Kosinus* eines Winkels das Verhältnis der *Ankathete* zur *Hypotenuse*. Mit anderen Worten: In einem rechtwinkligen Dreieck ist der *Kosinus* eines Winkels gleich dem Quotienten aus der *Ankathete* dieses Winkels und der *Hypotenuse*.

Für das vorliegende rechtwinklige Dreieck gilt also:

$\cos\alpha = \frac{b}{c}$ $\qquad$ $\cos\beta = \frac{a}{c}$

Tangensfunktion: In einem rechtwinkligen Dreieck ist der *Tangens* eines Winkels das Verhältnis der *Gegenkathete* zur *Ankathete*. Mit anderen Worten: In einem rechtwinkligen Dreieck ist der *Tangens* eines Winkels gleich dem Quotienten aus der *Gegenkathete* dieses Winkels und der *Ankathete*.

Für das vorliegende rechtwinklige Dreieck gilt also:

$\tan\alpha = \frac{a}{b}$ $\qquad$ $\tan\beta = \frac{b}{a}$

Sinussatz: In einem beliebigen Dreieck verhalten sich zwei (beliebige) Seiten zueinander wie die Sinuswerte ihrer Gegenwinkel. Mit anderen Worten: In einem beliebigen Dreieck ist der Quotient zweier (beliebiger) Seiten gleich dem Quotienten der Sinuswerte ihrer Gegenwinkel.

Für das rechts dargestellte Dreieck gilt also:

$\frac{a}{b} = \frac{\sin\alpha}{\sin\beta}$ $\qquad$ $\frac{a}{c} = \frac{\sin\alpha}{\sin\gamma}$ $\qquad$ $\frac{b}{c} = \frac{\sin\beta}{\sin\gamma}$

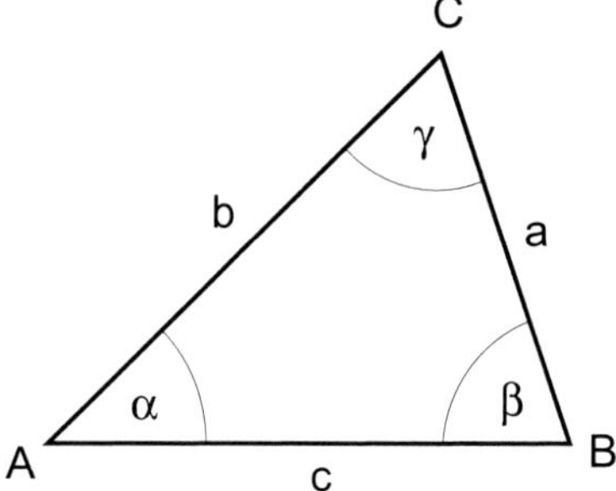

KOHL VERLAG
Mathe für den Beruf
Alltagsgerecht und anwendungsorientiert – Best.-Nr. 11 704

Aufgabe 1 Bestimme jeweils die angegebene gesuchte Seite x bzw. den Winkel α.

a)

x
35°
7 cm

b)

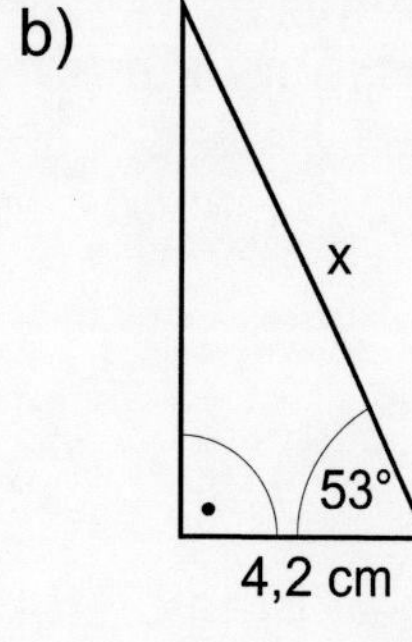

c)

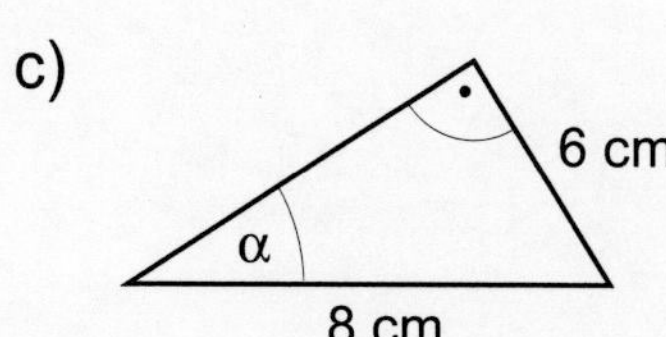

d)

7,6 cm
α
5 cm

e)

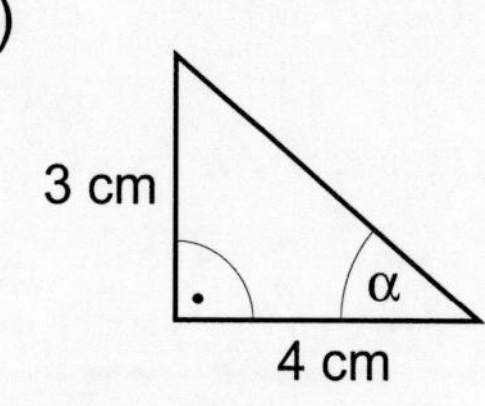

f)

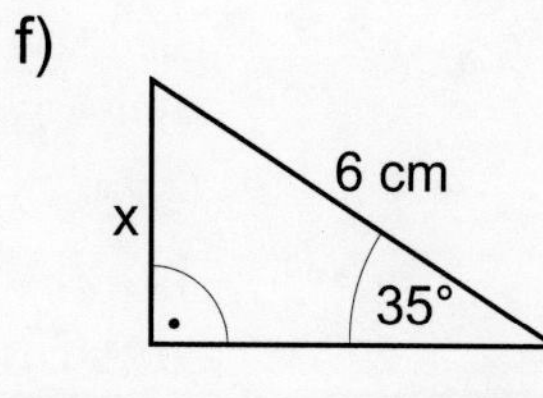

Aufgabe 2 Wie hoch steht ein Drachen, wenn die straff gespannte, 50 m lange Schnur mit dem Erdboden einen Winkel von 52° bildet?

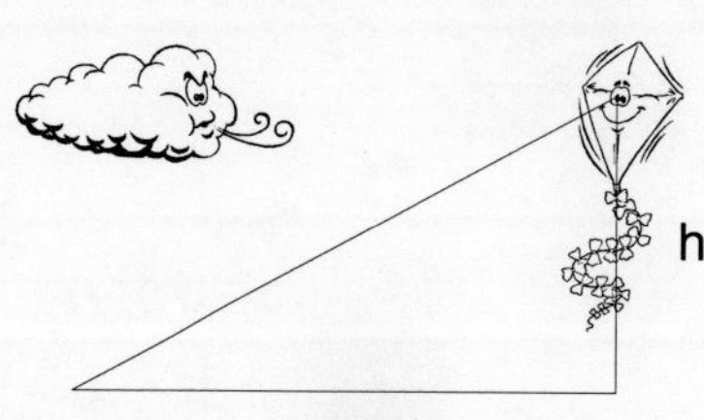

Aufgabe 3 Eine quadratische Pyramide hat die Höhe h = 10 m und die Seitenkante s = 12 m.
Berechne
a) die Winkel γ, δ, α.
b) die Seitenkante a und die Höhe h*
c) den Neigungswinkel β der Seitenkanten s.

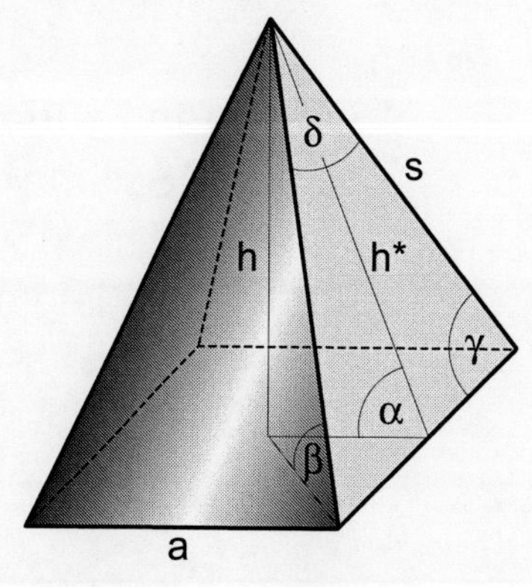

Aufgabe 4 Eine Drahtseilbahn soll einen Höhenunterschied von 215 m bei einem Neigungswinkel von 29° überwinden. Wie lang muss das Seil mindestens sein?

Aufgabe 5 Die Stufen einer Treppe sind 30 cm breit und 22 cm hoch. Unter welchem Neigungswinkel muss das Treppengeländer angefertigt werden?

Aufgabe 6 Ein Kreis hat einen Radius von 5,8 cm. Wie lang ist eine Sehne des Kreises, wenn der zugehörige Mittelpunktswinkel 52° beträgt?

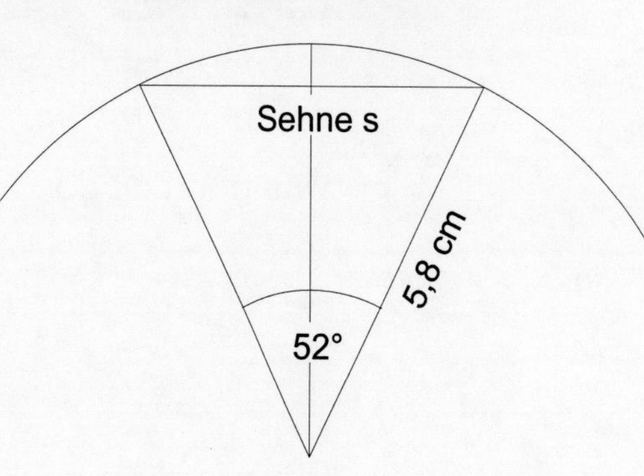

Mathe für den Beruf
Alltagsgerecht und anwendungsorientiert – Best.-Nr. 11 704
KOHL VERLAG

Aufgabe 7 Wie groß ist der Steigungswinkel einer Straße, wenn die Steigung 6 % beträgt? 6 % bedeutet, dass auf einer horizontalen Entfernung von 100 m die Höhenzunahme 6 m beträgt.

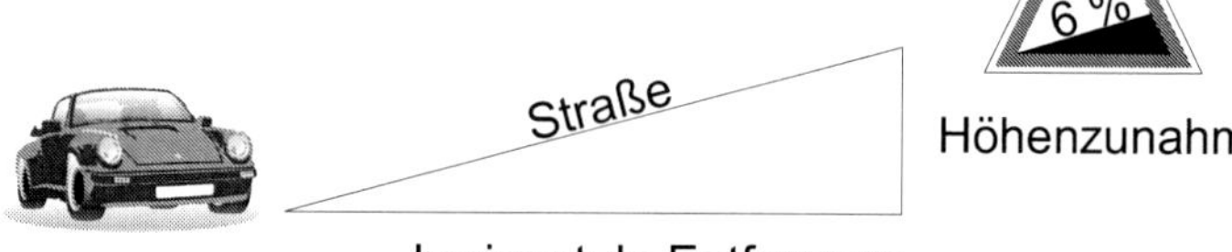

Aufgabe 8 Eine Firma bietet verschieden lange Anlegeleitern an. Der Neigungswinkel mit dem Erdboden soll 70° betragen. Die Länge der Leitern beträgt 3,50 m bzw. 5,20 m. Berechne jeweils, wie hoch die Leiter reicht. Wie weit steht das Fußende von der Wand entfernt?

Aufgabe 9 Der Schatten eines 4,50 m hohen Baumes ist 6 m lang. Unter welchem Winkel treffen die Sonnenstrahlen auf den Boden?

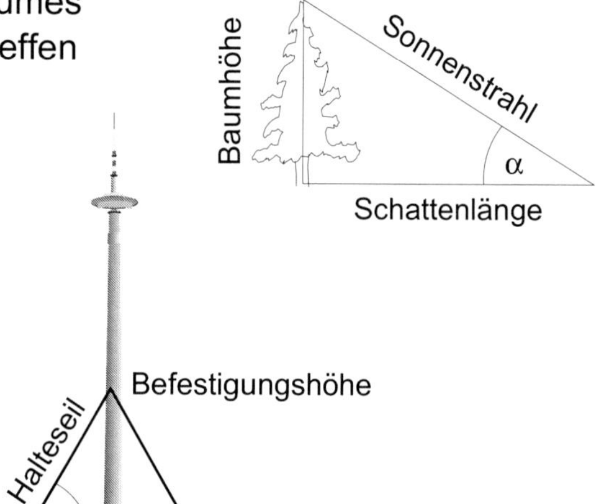

Aufgabe 10 Ein Sendemast soll mit 4 Seilen von je 40 m Länge gehalten werden. Der Neigungswinkel der Seile soll 55° betragen. In welcher Höhe müssen die Seile befestigt werden?

Aufgabe 11 Das nebenstehende Bild zeigt, wie man die Breite eines Flusses an der Stelle B bestimmen kann. Man misst die Länge einer Strecke $\overline{AB}$ parallel zum Flussufer unter dem Winkel $\alpha = 52{,}3°$.

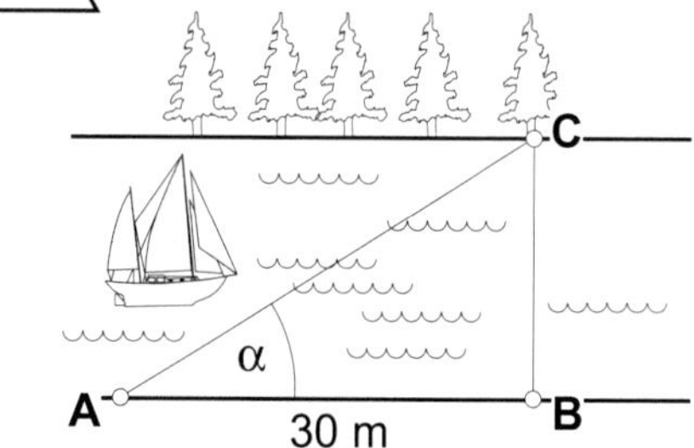

Aufgabe 12 Ein gleichschenkliges Dreieck ($\alpha = \beta$) hat die Maße $\alpha = 68{,}5°$ und $c = 42{,}9$ cm. Wie lang ist die Seite a?

Aufgabe 13 Wie hoch ist das Haus insgesamt?

32°
4,30 m
8,20 m

Aufgabe 14 In einer Raute ist a = 5,2 cm, die Diagonale f = 5,2 cm. Berechne die Winkel α und β.

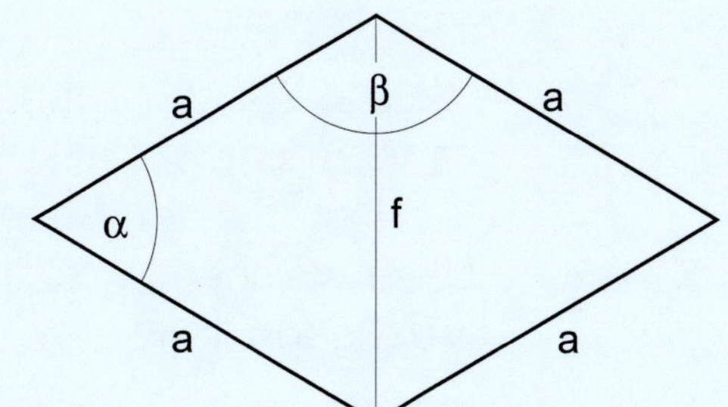

Aufgabe 15 Von einem 63,2 m hohen Leuchtturm erscheinen zwei Felsbrocken A und B, die bei ruhiger See gerade noch aus dem Wasser ragen, unter den Tiefenwinkeln α = 28,7° und β = 43,9°. Wie weit sind die beiden Felsbrocken voneinander und vom Turm entfernt?

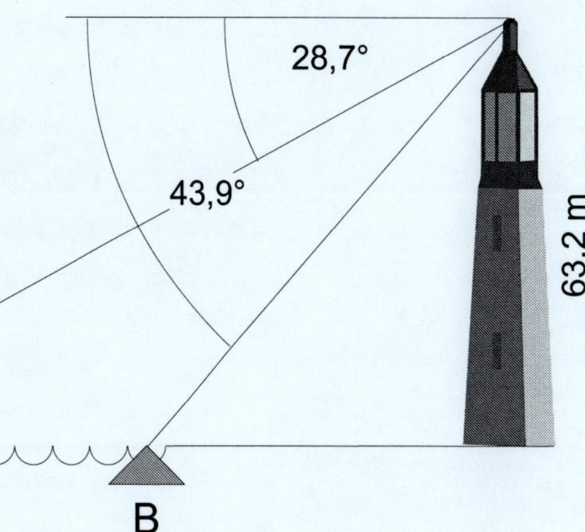

Aufgabe 16 Berechne die fehlende Seite und die Winkel α und β des Dreiecks ABC mit γ = 90°, a = 5,3 cm und c = 7,2 cm.

Aufgabe 17 Berechne die Größe der fehlenden Winkel und die Länge der Diagonalen in einem Drachen mit a = 3,5 cm, b = 5,9 cm und α = 54°.

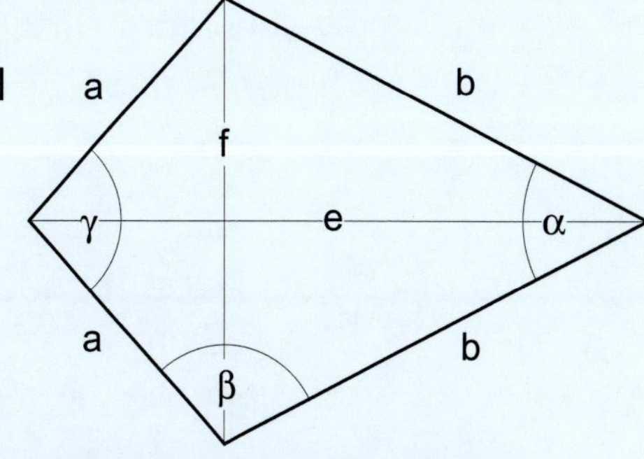

Aufgabe 18 Die größte Steigung im Netz der Deutschen Bahn AG muss auf der Strecke von Boppard nach Kastelaun in den Hunsrück überwunden werden. Das Steigungsverhältnis auf der 7 km langen Strecke ist 1 : 16,4. Berechne den Steigungswinkel und den Höhenunterschied.

Aufgabe 19 Einem Kreis mit dem Radius r = 5 cm wird ein regelmäßiges 10-Eck einbeschrieben. Berechne den Umfang dieses Zehnecks.

Aufgabe 20 Berechne die fehlenden Stücke A, u, a, b, c, h_c und β in einem rechtwinkligen Dreieck.

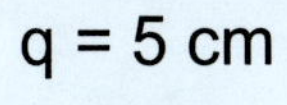

q = 5 cm

α = 35°

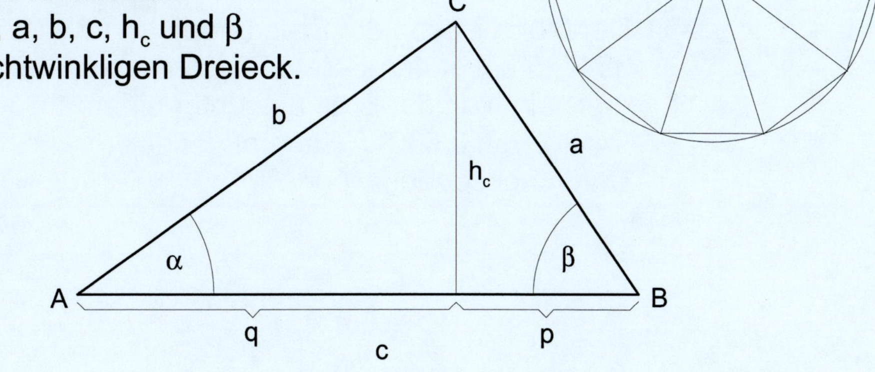

Mathe für den Beruf
Alltagsgerecht und anwendungsorientiert – Best.-Nr. 11 704
KOHL VERLAG

11 Trigonometrie

Aufgabe 21 Welche Winkel bilden die Diagonalen eines Rechtecks mit a = 7 cm und b = 4 cm mit den Seiten a und b? Unter welchen Winkeln schneiden sich die Diagonalen?

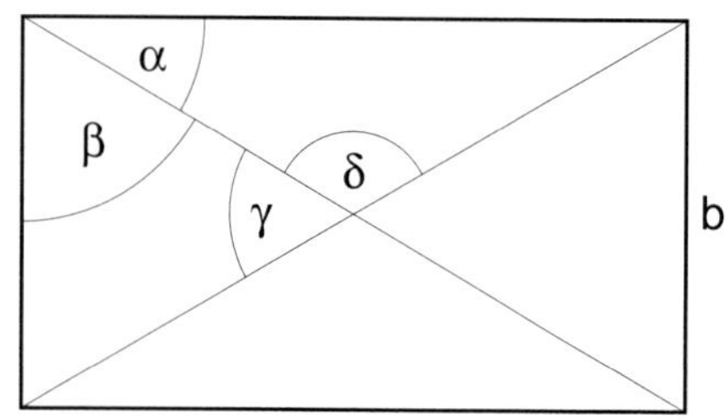

Aufgabe 22 Ein Heißluftballon befindet sich in einer Höhe von 2,3 km. Er wird von zwei Standorten aus unter den Höhenwinkeln 38° und 52° angepeilt. Wie weit sind die Orte voneinander entfernt?

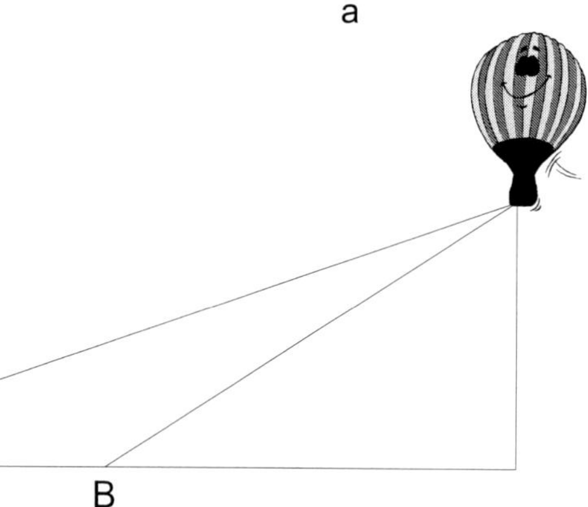

Aufgabe 23 Ein Sendemast ist mit sogenannten Abspannseilen gesichert, die im Boden verankert sind. Wie hoch ist der Sendemast? Wie lang ist das Abspannseil von A nach B?

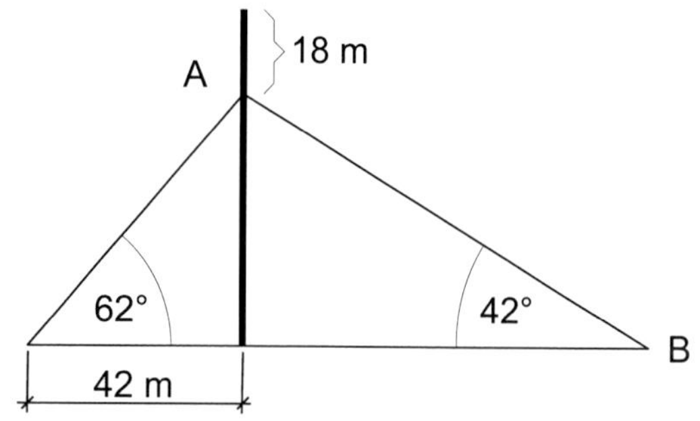

Aufgabe 24 Ein Quader hat die Kantenlängen a = 8 cm, b = 6 cm und c = 4 cm. Wie groß sind die Winkel α, β und γ?

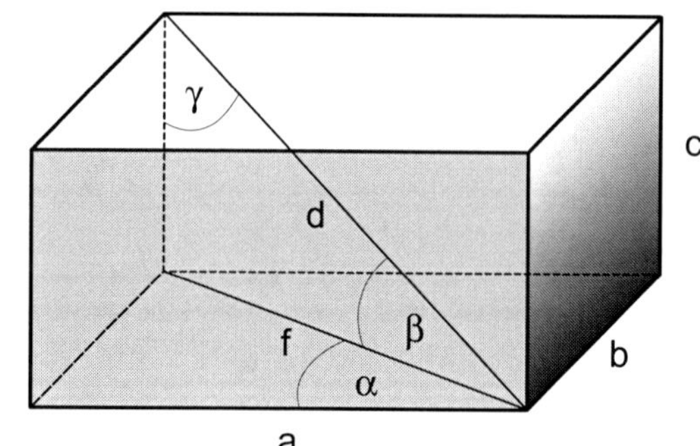

Aufgabe 25 Ein Sandhaufen hat die Form eines Kegels mit einem Durchmesser von 3,20 m und einem Böschungswinkel von 36°. Wie hoch ist der Sandhaufen?

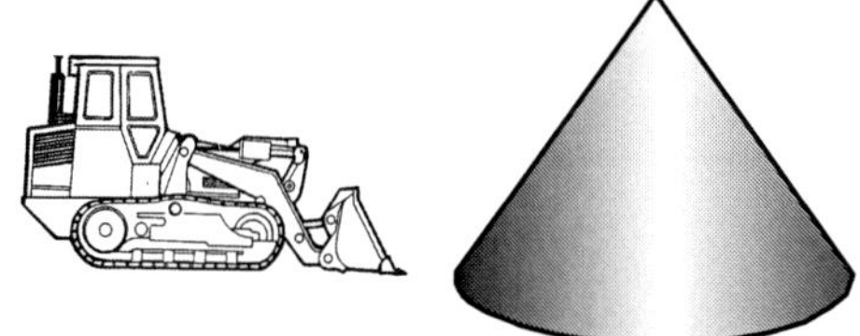

Aufgabe 26 Der Mond ist von der Erde ungefähr 384405 km entfernt. Sein Durchmesser erscheint von der Erde aus unter einem Winkel von 0,532°. Wie groß ist der Durchmesser des Mondes?

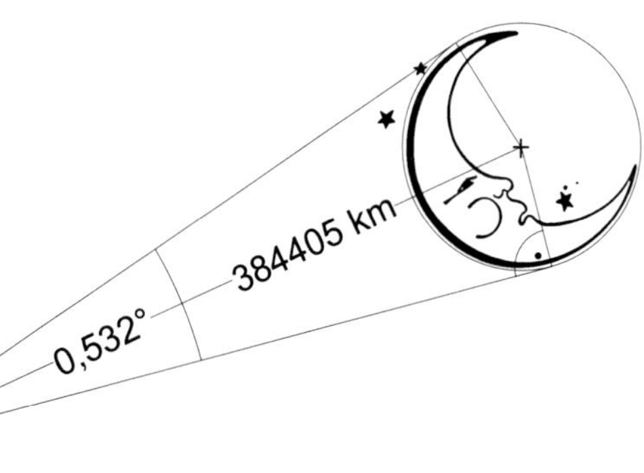

Lösungen

Seite 7 — 1. Grundrechenarten

Aufgabe 1

a) 22128
b) 18106

Aufgabe 2

a) 118696
b) 1791806

Aufgabe 3

4223

Aufgabe 4

a) 352
b) 651
c) 245

Aufgabe 5

a) 5388
b) 1772

Aufgabe 6

a) 28954
b) 265594

Aufgabe 7

a) 27588
b) 33148
c) richtig
d) 16564

Seite 8

Aufgabe 8

a) 10863 e) 14732
b) 10535 f) 32448
c) 11316 g) 15400
d) 34236 g) 49432

Aufgabe 9

a) 142546
b) 117834
c) 162532
d) 108024

Aufgabe 10

a) 293 d) 493
b) 136 e) 631
c) 209 f) 673

Aufgabe 11

18 Wochen

Seite 9

Aufgabe 12

47 Minuten

Aufgabe 13

12 Personen

Aufgabe 14

16828 £

Aufgabe 15

20998 Karten

Aufgabe 16

6264

Aufgabe 17

219759 €

Aufgabe 18

503000 €

Aufgabe 19

6897 €

Aufgabe 20

34 €

Seite 11 — 2. Bruchrechnung

Aufgabe 1

Summe	$23\frac{2}{5}$	$14\frac{5}{19}$	$14\frac{1}{7}$	$10\frac{3}{5}$
Differenz	$1\frac{4}{7}$	$2\frac{1}{3}$	$4\frac{8}{11}$	$6\frac{1}{3}$

Aufgabe 2

a) $8\frac{2}{7}$
b) $2\frac{2}{3}$
c) $2\frac{1}{3}$

Aufgabe 3

a) $1\frac{7}{24}$
b) $\frac{13}{24}$
c) $6\frac{3}{10}$
d) $5\frac{3}{10}$

Aufgabe 4

Summe	$23\frac{4}{15}$	$14\frac{1}{6}$	$3\frac{11}{12}$	$7\frac{3}{20}$
Differenz	$2\frac{1}{10}$	$5\frac{5}{12}$	$2\frac{13}{30}$	$4\frac{7}{18}$

Aufgabe 5

a) $9\frac{19}{20}$ b) $8\frac{11}{12}$
c) $12\frac{1}{6}$ d) $2\frac{1}{8}$
e) $9\frac{1}{12}$ f) $21\frac{1}{4}$

Aufgabe 6

a) $29\frac{5}{6}$
b) $23\frac{5}{18}$

Aufgabe 7

a) $2\frac{6}{7}$ b) $4\frac{1}{8}$ c) $1\frac{2}{3}$ d) $12\frac{2}{3}$ e) $6\frac{29}{60}$

Mathe für den Beruf
Alltagsgerecht und anwendungsorientiert – Best.-Nr. 11 704

12 Lösungen

Seite 12 — 2. Bruchrechnung

Aufgabe 8

a) $2\frac{1}{2}$ b) $1\frac{7}{8}$ c) $2\frac{1}{7}$ d) $6\frac{3}{4}$
e) $3\frac{1}{2}$ f) $5\frac{2}{5}$ g) 8 h) 15

Aufgabe 9

a) $\frac{2}{13}$ b) $\frac{5}{24}$ c) $\frac{3}{25}$
d) $\frac{2}{15}$ e) $\frac{7}{24}$ f) $\frac{2}{21}$
g) $\frac{2}{7}$ h) $\frac{7}{18}$ i) $\frac{1}{12}$

Aufgabe 10

a) $25\frac{2}{3}$ b) $17\frac{1}{4}$ c) $7\frac{1}{2}$
d) $\frac{3}{4}$ e) $1\frac{17}{20}$ f) $\frac{5}{8}$
g) $22\frac{1}{2}$ h) $16\frac{2}{3}$ i) $\frac{19}{30}$
j) $1\frac{3}{4}$ k) $2\frac{4}{5}$ l) $10\frac{20}{21}$

Aufgabe 11

a) $\frac{1}{5}$ b) $\frac{1}{3}$ c) $\frac{4}{27}$

Aufgabe 12

a) $3\frac{7}{9}$ b) $13\frac{5}{14}$ c) $11\frac{3}{8}$
d) 6 e) 9 f) $17\frac{8}{9}$

Aufgabe 13

a) $\frac{5}{6}$ b) $\frac{12}{35}$ c) $\frac{2}{3}$

Aufgabe 14

a) $\frac{2}{5}$ b) $\frac{10}{39}$ c) $\frac{9}{28}$
d) $3\frac{8}{9}$ e) $1\frac{9}{13}$ f) $\frac{3}{4}$
g) $1\frac{5}{7}$ h) $2\frac{4}{5}$ i) $1\frac{5}{16}$

Seite 13 — 2. Bruchrechnung

Aufgabe 15

$8\frac{1}{2}$ Unzen

Aufgabe 16

William 344400 £
Jim 88560 £
Fergie 59040 £

Aufgabe 17

44 Rohre

Aufgabe 18

126 Erdumkreisungen

Aufgabe 19

$\frac{29}{40}$ l = 0,725 l

Aufgabe 20

82,6 kg Grassamen

Aufgabe 21

1201 Sekunden

Aufgabe 22

25 Fahrten

Aufgabe 23

$4\frac{17}{40}$ kg

Seite 15 — 3. Maßeinheiten

Aufgabe 1

a) 13 h c) 8 d e) 14 min
b) 7 min d) 14 h f) 12 d

Aufgabe 2

a) 2 d 5 h c) 10 d 13 h e) 1 d 19 h
b) 3 d 22 h d) 5 d 17 h f) 6 d 23 h

Aufgabe 3

a) 3 min 51 s c) 16 min 7 s e) 58 min 20 s
b) 8 min 28 s d) 133 min 24 s f) 85 min 12 s

Aufgabe 4

a) 55 min c) 107 min
b) 203 min d) 273 min

Aufgabe 5

a) 450 dm c) 125 cm e) 10,4 km
b) 3,8 km d) 22,5 dm f) 62,5 cm

Aufgabe 6

a) 843 mm d) 16530 m
b) 0,116 km e) 0,4 m
c) 0,308 m f) 40 dm

Aufgabe 7

a) 3500 m c) 1,06 m e) 125 m
b) 86,52 m d) 0,85 m f) 0,05 m

Aufgabe 8

a) 2 km 500 m c) 1 km 50 m e) 15 km 6 m
b) 27 km 200 m d) 9 km 650 m f) 0 km 625 m

KOHL VERLAG
Mathe für den Beruf
Alltagsgerecht und anwendungsorientiert – Best.-Nr. 11 704

Lösungen

Seite 12 3. Maßeinheiten

Aufgabe 9

a) 1 m 30 cm c) 1 m 85 cm e) 3 m 5 cm
b) 2 m 40 cm d) 7 m 85 cm f) 62 m 50 cm

Aufgabe 10

a) 142 cm 5 mm c) 20 cm 8 mm e) 3 cm 8 mm
b) 30 cm 1 mm d) 28 cm 3 mm f) 31 cm 2 mm

Aufgabe 11

a) 2,5 km c) 33 dm e) 135 cm
b) 27 cm d) 0,85 km f) 72,5 dm

Seite 16 3. Maßeinheiten

Aufgabe 12

a) 180 mm c) 56000 mm e) 25000 mm
b) 600 mm d) 80300 mm f) 50 mm

Aufgabe 13

a) 1800 cm c) 2,5 cm e) 275 cm
b) 73 cm d) 100000 cm f) 38,5 cm

Aufgabe 14

a) 1600 dm^3 b) 2,25 dm^3 c) 0,895 dm^3

Aufgabe 15

a) 14,5 m^3 b) 0,0085 m^3 c) 0,00175 m^3

Aufgabe 16

a) 500 cm^3 b) 8050 cm^3 c) 1100000 cm^3

Aufgabe 17

a) 350 dm^3 b) 5 dm^3 c) 955 dm^3

Aufgabe 18

a) 1,5 l b) 1,2 l c) 3150 l

Aufgabe 19

a) 0,352 dm^3 b) 1 dm^3 c) 16 dm^3

Aufgabe 20

a) 0,169 m^3 b) 1,105 m^3 c) 0,089 m^3

Aufgabe 21

a) 1,25 t b) 0,865 t c) 3,425 t

Aufgabe 22

a) 600 kg b) 2,65 kg c) 1800 kg

Aufgabe 23

a) 12400 g b) 1,49 g c) 1000000 g

Aufgabe 24

a) 1001000 g b) 0,01 g c) 15 g

Aufgabe 25

a) 5,555 kg b) 1 kg c) 0,045 kg

Aufgabe 26

a) 0,016 t b) 0,0085 t c) 16,534 t

Seite 18 4. Terme und Gleichungen

Aufgabe 1

a) $(-5) \cdot (18 + 23) = -205$
b) $8 \cdot 12 + 85 = 181$
c) $150 - (98 + 47) = 5$
d) $(95 - 47) - (-7) \cdot 9 = 111$

Aufgabe 2

$e + 15 \cdot e + f$

Aufgabe 3

a) $12 \cdot y$
b) $14 \cdot x$
c) $10 \cdot x + 4 \cdot y$

Aufgabe 4

a) $2 \cdot (a + b + c) + 3 \cdot h$
b) $12 \cdot a + 6 \cdot h$
c) $4 \cdot (a + s)$

KOHL VERLAG Mathe für den Beruf Alltagsgerecht und anwendungsorientiert – Best.-Nr. 11 704

Seite 18 — 4. Terme und Gleichungen

Aufgabe 5

☒ $x + 2x$

Aufgabe 6

$12 \cdot 13{,}80 + x \cdot 0{,}0488$

Aufgabe 7

a) $13a$ b) $1x = x$ c) $9a + 2b$ d) $3a + 2ab$ e) $30p + 30a$ f) $1\frac{1}{20}x$

Aufgabe 8

a) $7xy + 5ab$ b) $2{,}75a - 0{,}6b$
c) $4p - q$ d) $17{,}2x + 9{,}3y - 13{,}6z$
e) $5n^2 + 4m^2$ f) $4a^2b + 5ab^2 + 5a^2b^2$

Seite 19 — 4. Terme und Gleichungen

Aufgabe 9

a) $x + 3y$ 25
b) $16x + 6y$ 106
c) $5x - 17y + 25$ -74

Aufgabe 10

a) $-3a + 5b$
b) $-a - 36$
c) $14x - 59$

Aufgabe 11

a) $18(3x - y)$ b) $6(2a - 3b + 7)$ c) $6(4x - y + 3z)$
d) $3a(2 + 3b)$ e) $11p(3q + 7p)$ f) $7x(7x^2 - 2y^2)$

Aufgabe 12

a) $17 + 4x = 9x - 3$
b) $3a + 11 = -3a - 4$
c) $7 - 8x = 6x + 25$
d) $8a = 16a + 46$
e) $3x + 12 = -0{,}5 - 6{,}2x$

Aufgabe 13

a) $(9 + 2x)$
b) $(2a - 7)(4 + 3a)$
c) $(2x - y)(3x - 4)$
d) $(3x + y)(6a + 2b)$

Aufgabe 14

a) $27ab - 45a - 9b + 15$
b) $8m^2 + 26mn + 21n^2$
c) $6x^2 - 29xy - 5y^2$
d) $175x^2 - 267xy + 54y^2$
e) $5ax - 5bx + 3ay - 3by$
f) $4ax - 12ay - 2bx + 6by$

Aufgabe 15

a) $2a^2 + 7ab + 3b^2$
b) $44x^2 - 36xy - 26y^2$
c) -65

Aufgabe 16

a) $x = 36$ b) $x = -69$ c) $x = -11$
d) $a = -100$ e) $b = 23$ f) $x = -35$
g) $x = 64$ h) $x = 72$ i) $x = -45$
j) $y = 1{,}4$ k) $a = 169$ l) $x = 125$

Seite 20 — 4. Terme und Gleichungen

Aufgabe 17

a) $x = 3$ b) $x = -1$ c) $x = 5$
d) $x = 2$ e) $x = 7$ f) $x = 4$
g) $x = 3$ h) $x = 7$ i) $x = 4$
j) $x = -1$ k) $x = -2$ l) $x = 12$

Aufgabe 18

a) $x = 12$ b) $x = -3$ c) $x = 0$
d) $x = 1$ e) $x = -3$ f) $x = 1$

Aufgabe 19

a) $x = 2$
b) $x = 1{,}5$
c) $x = 6$
d) $x = -5$
e) $x = 20$

Aufgabe 20

a) $4x + 23 = 85$ $x = 15{,}5$
b) $5x - 12 = 7x + 81$ $x = -46{,}5$
c) $\frac{x}{3} + \frac{x}{5} = 32$ $x = 60$

Aufgabe 21

a) $x = 6$
b) $x = -\frac{1}{6}$
c) $x = 1\frac{2}{9}$
d) $x = -2$

Aufgabe 22

a) $x = -2$ b) $x = \frac{5}{6}$
c) $x = 6$ d) $x = 7$
e) $x = -3$ f) $x = 0$
g) $x = 2$ h) $x = 5$

Aufgabe 23

a) $x^2 + 2xy + y^2$ b) $36a^2 - 60ab + 25b^2$ c) $6{,}25 - 30z + 36z^2$
d) $\frac{4}{9}a^2 + 8ab + 36b^2$ e) $0{,}25c^2 + 7{,}2cd + 51{,}84d^2$ f) $\frac{9}{16}x^2 - \frac{3}{4}xb + \frac{1}{4}b^2$

Aufgabe 24

a) $(3 - 5y)^2$ b) $(\frac{1}{3}x + \frac{1}{2}y)^2$ c) $(2x + 9y)(2x - 9y)$
d) $(12b - 3)^2$ e) $(11x + 7y)(11x - 7y)$ f) keine Lösung

Seite 21 — 4. Terme und Gleichungen

Aufgabe 25

a) $2x^2 + 14x + 25$
b) $2a^2 + 4a + 100$
c) $8y^2 - 16y + 7$
d) $41x^2 + 72xy + 72y^2$

Aufgabe 26

a) $14(a + b)^2$
b) $2(5a - 6)^2$
c) $x(x + y)(x - y)$

Aufgabe 27

a) $x = -2$ f) $x = -2$
b) $x = -4$ g) $x = 1$
c) $a = 3$ h) $x = -3$
d) $y = -5$ i) $y = 0{,}5$
e) $x = 2{,}5$ j) $x = 2$

Aufgabe 28

a) $x = 0{,}15$
b) $x = 1$
c) $a = 0$
d) $y = -0{,}5$
e) $x = -7$

Aufgabe 29

a) $x = 2$
b) $a = 3$

Aufgabe 30

a = 19 cm, b = 13 cm, A = 247 cm²

Aufgabe 31

a = 12 cm

Aufgabe 32

a = 7 cm

Aufgabe 33

Schenkel 12,5 cm, Grundseite 6 cm

Mathe für den Beruf
Alltagsgerecht und anwendungsorientiert – Best.-Nr. 11 704
KOHL VERLAG

Seite 23 — 5. Allgemeine Verhältnisrechnung, Dreisatz

Aufgabe 1
325 €

Aufgabe 2
6,51 €

Aufgabe 3
29,85 €

Aufgabe 4
6,8 t

Aufgabe 5
47,16 €

Aufgabe 6
18,75 €

Aufgabe 7
7,95 €

Aufgabe 8
80 Minuten

Aufgabe 9
18 Tage

Aufgabe 10
12 Liter

Aufgabe 11
249,6 kg

Aufgabe 12
504 €

Aufgabe 13
1080 bzw. 1800 Atemzüge

Aufgabe 14
39 €

Aufgabe 15
a) 300 Schritte
b) 150 m

Aufgabe 16
gesamt 1083 €

Seite 24 — 5. Allgemeine Verhältnisrechnung, Dreisatz

Aufgabe 17
a) 240 Tage
b) 18 Stunden

Aufgabe 18
9545,24 kg

Aufgabe 19
a) 3,36 kg
b) 80,4 Liter

Aufgabe 20
7,95 €

Aufgabe 21
a) 25 €
b) 20 Schüler

Aufgabe 22
100,00 €

Aufgabe 23
11 m

Aufgabe 24
9 Arbeiter

Aufgabe 25
9 Bahnen

Aufgabe 26
32 cm

Aufgabe 27
5 Tage

Seite 25 — 5. Allgemeine Verhältnisrechnung, Dreisatz

Aufgabe 28
208 Brote

Aufgabe 29
80 m Stoff

Aufgabe 30
7 Wochen

Aufgabe 31
3712 €

Aufgabe 32
20 Minuten

Aufgabe 33
3 Tage

Aufgabe 34
2156 Kästen

Aufgabe 35
2688 Bretter

Aufgabe 36
35 Tage

Aufgabe 37
45 g

Aufgabe 38
300 kg

Seite 27 — 6. Prozent- und Zinsrechnung

Aufgabe 1
12,5 %   5 %   40 % $33\frac{1}{3}$ %   75 %   20 %   70 %   16 %

Aufgabe 2
a) 1817,60 €   d) 117,6 ha
b) 97,5 kg   b) 232,5 g
c) 210 t   c) 25,9875 ha

Seite 27 **6. Prozent- und Zinsrechnung**

Aufgabe 3

a) 67 %
b) 89 %
c) 94 %
d) 39 %

Aufgabe 4

Familie Meyer 770 €, 816,20 €
Familie Müller 580 €, 614,80 €
Familie Schulze 860 €, 911,60 €

Aufgabe 5

Grundwert	3540 €	280 €	160 €	560 €	950 €	1474 €
Preissenkung	7,5 %	8,5 %	2,5 %	12 %	17 %	17 %
verminderter Grundwert	3274,50 €	256,20 €	156 €	492,80 €	788,50 €	1223,42 €

Aufgabe 6

247,5 m² Schiefer

Aufgabe 7

853 g

Aufgabe 8

1300 €

Aufgabe 9

315,25 €

Seite 28 **6. Prozent- und Zinsrechnung**

Aufgabe 10

450 g

Aufgabe 11

5600 g

Aufgabe 12

a) 87,50 €
b) 21 €
c) 1248 €
d) 465 €
e) 406,25 €

Aufgabe 13

Kapital	3625 €	9702 €	7295 €	3350 €	3760 €	6900 €	6580 €
Zinssatz	8,2 %	5,5 %	7,4 %	6,5 %	5 %	8 %	$2\frac{1}{2}$ %
Jahreszinsen	297,25 €	533,61 €	539,83 €	217,75 €	188 €	552 €	164,50 €

Aufgabe 14

Kapital	2800 €	5400 €	4800 €	7200 €	3400 €	480 €	2800 €
Zinssatz	$3\frac{1}{2}$ %	$2\frac{2}{3}$ %	3,75 %	4,5 %	4 %	$3\frac{3}{4}$ %	7 %
Zeit	81 Tage	8 Monate	110 Tage	85 Tage	288 Tage	128 Tage	216 Tage
Zinsen	22,05 €	96 €	55 €	76,50 €	108,80 €	6,40 €	117,60 €

Aufgabe 15

500000 €

Aufgabe 16

28,125 %

Aufgabe 17

48 %

Mathe für den Beruf Alltagsgerecht und anwendungsorientiert – Best.-Nr. 11 704
KOHL VERLAG

Seite 31 **6. Prozent- und Zinsrechnung - Kalkulationsschema**

Aufgabe 18

		%	Euro	Platz für Berechnungen
Vorwärtskalkulation	Listeneinkaufspreis (netto)		175,50	
	– Lieferrabatt (in %)	15	26,33	
	= Zieleinkaufspreis		149,17	
	– Lieferskonto (in %)	3	4,48	
	= Bareinkaufspreis		144,69	
	+ Bezugskosten		4,85	
	= Bezugs-/Einstandspreis		149,54	
	+ Handlungskosten (Zuschlagssatz in %)	38	56,83	
	= Selbstkostenpreis		206,37	
	+ Gewinnzuschlag (in %)	14,32	29,56	
Rückwärtskalkulation	= Barverkaufspreis		235,93	
	+ Lieferskonto (in %)	3	7,08	
	+ Vertreterprovision (in %)	5	11,80	
	= Zielverkaufspreis		254,81	
	+ Kundenrabatt (in %)	10	25,48	
	= Listenverkaufspreis (netto)		280,29	

Gewinnzuschlag = Barverkaufspreis – Selbstkostenpreis

Seite 33 — 7. Potenzen und Wurzeln

Aufgabe 1

a) 81 b) 144 c) 49 d) 100
e) 225 f) 400 g) 0,01 h) $\frac{9}{16}$

Aufgabe 2

a) 3 b) 12 c) 11 d) 80 e) 1,2 f) 30

Aufgabe 3

a) 10^2 b) 10^5
c) 10^7 d) 10^{11}

Aufgabe 4

a) $6{,}23 \cdot 10^9$
b) $7{,}5 \cdot 10^{12}$
c) $5{,}76 \cdot 10^7$
d) $9{,}2 \cdot 10^{11}$
e) $8{,}91 \cdot 10^{15}$
f) $1{,}234 \cdot 10^{13}$

Aufgabe 5

a) 50300000
b) 64000000
c) 57600
d) 620000000000000
e) 87000000000000
f) 32370

Aufgabe 6

a) 10^{-4} b) 10^{-9}
c) 10^{-2} d) 10^{-7}

Aufgabe 7

a) $4{,}52 \cdot 10^{-6}$
b) $7{,}9 \cdot 10^{-5}$
c) $9 \cdot 10^{-10}$
d) $2{,}46 \cdot 10^{-1}$
e) $3{,}9 \cdot 10^{-16}$

Aufgabe 8

a) 0,000503
b) 0,064
c) 0,000000576
d) 0,00000000000062
e) 0,000087

Aufgabe 9

a) 15 b) 9 c) 4 d) 4

Aufgabe 10

a) $5 \cdot \sqrt{3}$ b) $7 \cdot \sqrt{2}$
c) $5 \cdot \sqrt{6}$ d) $6 \cdot \sqrt{3}$
e) $4 \cdot \sqrt{5}$ f) $4 \cdot \sqrt{7}$

Aufgabe 11

a) 4^5 b) 3^6
c) $56a^7$ d) $5a^9b^2 - 10a^3b^8$
e) $(-10)^{10}$ f) $100z^9$

Seite 35 — 8. Flächenberechnung (Planimetrie)

Aufgabe 1

a) 144 cm² b) 121 km² c) 12100 m²

Aufgabe 2

a) 312,5 dm² b) 144,5 m² c) 512 mm²

Aufgabe 3

Länge a	9 cm	13 mm	12 m	2 km	64 dm
Breite b	8 cm	21 mm	6 m	7 km	16 dm
Flächeninhalt A	72 cm²	273 mm²	72 m²	14 km²	1024 dm²
Umfang u	34 cm	68 mm	36 m	18 km	160 dm

Aufgabe 4

Länge a	45 m	23 mm	12 m	4 km	30 dm
Breite b	8 m	17 mm	7 m	80 m	41 dm
Flächeninhalt A	360 m²	391 mm²	84 m²	0,32 km²	1230 dm²
Umfang u	106 m	80 mm	38 m	8,16 km	142 dm

KOHL VERLAG Mathe für den Beruf – Alltagsgerecht und anwendungsorientiert – Best.-Nr. 11 704

Seite 35 — 8. Flächenberechnung (Planimetrie)

Aufgabe 5

a) 54 cm² b) 55,47 dm²
c) 494 mm² c) 304,5 dm²

Aufgabe 6

Diagonale e	45 m	23 mm	24 m	4 km	13 dm
Diagonale f	18 m	34 mm	7 m	80 m	14,5 dm
Flächeninhalt A	405 m²	391 mm²	84 m²	0,16 km²	0,9425 m²

Aufgabe 7

a) 27 dm² b) 10,45 dm²

Aufgabe 8

100,8 kg

Seite 36 — 8. Flächenberechnung (Planimetrie)

Aufgabe 9

36480 €

Aufgabe 10

Seite b	34 m	12 mm	73 cm
Seite c	44 m	16 mm	48 cm
Höhe h_b	22 m	8 mm	54 cm
Höhe h_c	17 m	6 mm	82,125 cm
Flächeninhalt A	374 m²	48 mm²	1971 cm²

Aufgabe 11

a) A = 78 cm²
b) a = 3 cm, h = 3,4 cm

Aufgabe 12

32 m

Aufgabe 13

a) 376 m² b) 371 m² c) 477,5 m²

Aufgabe 14

A = 45 m²

Aufgabe 15

a) 952,5 mm² b) 861 mm² c) 768 mm²

Seite 37 — 8. Flächenberechnung (Planimetrie)

Aufgabe 16

13273,2 km²

Aufgabe 17

≈ 11,52 cm

Aufgabe 18

r	4 dm	7,48 cm	4,65 mm	3,662 km	10,855 m
u	25,12 dm	47 cm	29,2 mm	23 km	68,17 m
A	50,24 dm²	175,7 cm²	68 mm²	42,1 km²	370 m²

Aufgabe 19

41904 Umdrehungen

Aufgabe 20

2352,4 m

Aufgabe 21

a) 201,06 cm²
b) 21,5 %
c) 50,27 cm Tesafilm

Aufgabe 22

Umlaufbahn 41280,5 km
Geschwindigkeit 28145,8 $\frac{km}{h}$

KOHL VERLAG
Mathe für den Beruf
Alltagsgerecht und anwendungsorientiert – Best.-Nr. 11 704

Seite 37 — 8. Flächenberechnung (Planimetrie)

Aufgabe 23

49,48 m²

Aufgabe 24

r = 22,38 cm, a ≈ 36,6°

Aufgabe 25

56,55 cm²

Aufgabe 26

12,56 m²

Seite 39 — 9. Der Satz des Pythagoras

Aufgabe 1

s = 12,6 cm

Aufgabe 2

s = 7,28 cm

Aufgabe 3

Luftlinienentfernung 21,26 km

Aufgabe 4

31,8 m

Aufgabe 5

7688,5 m

Aufgabe 6

a)	b)
h_c = 3,68 cm	h_c = 5,19 cm
c = 11,7 cm	q = 4,4 cm
p = 10,4 cm	p = 6,1 cm
a = 11 cm	b = 6,8 cm
A = 21,528 cm²	A = 27,2 cm²

Aufgabe 7

1944 m

Aufgabe 8

154 m

Seite 40 — 9. Der Satz des Pythagoras

Aufgabe 9

5,53 m

Aufgabe 10

a)	b)
h_c = 1,74 cm	h_c = 2,25 cm
c = 4,44 cm	q = 4,47 cm
q = 0,84 cm	p = 1,13 cm
b = 1,93 cm	a = 2,52 cm
A = 3,86 cm²	A = 6,3 cm²

Aufgabe 11

17,4 cm

Aufgabe 12

11,4 m

Aufgabe 13

nein, 65 km

Aufgabe 14

a = 5 Längeneinheiten
b = 5 LE
c = 5,8 LE
d = 2,2 LE
e = 5,4 LE

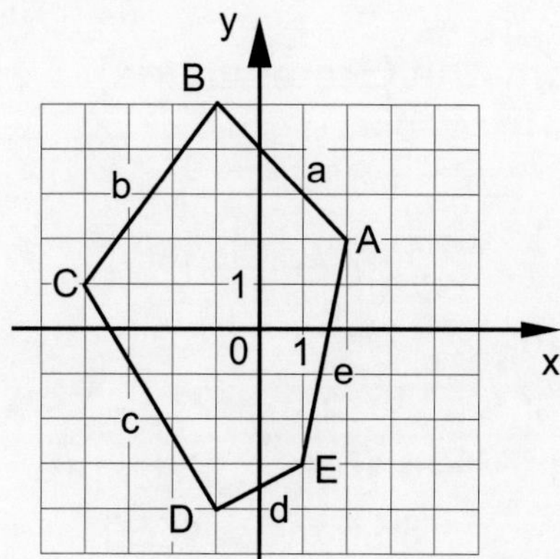

Mathe für den Beruf
Alltagsgerecht und anwendungsorientiert – Best.-Nr. 11 704
KOHL VERLAG

Seite 41 — 9. Der Satz des Pythagoras

Aufgabe 15

a)
h_c = 1,74 cm
c = 4,44 cm
p = 0,84 cm
a = 1,93 cm
A = 3,86 cm²

b)
h_c = 3,73 cm
q = 4,18 cm
p = 3,33 cm
c = 7,51 cm
A = 14 cm²

Aufgabe 16

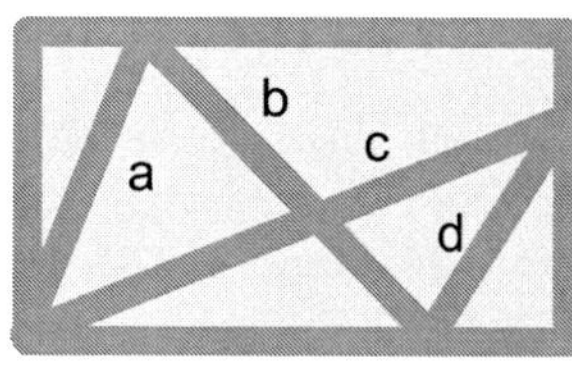

a = 1,3 m
b = 1,5 m
c = 2,01 m
d = 0,95 m
Gesamtlänge 11,8 m

Aufgabe 17

14,14 m

Aufgabe 18

x_1 = 1,93 m
x_2 = 4,36 m
x_3 = 4,19 m

Aufgabe 19

Der Baum ist in einer Höhe von 2,10 m abgeknickt.

Aufgabe 20

90,8 cm

Aufgabe 21

r = 2,4 cm

Seite 43 — 10. Räumliche Geometrie (Stereometrie)

Aufgabe 1

≈ 5,04 dm

Aufgabe 2

174,96 cm²

Aufgabe 3

4,50 m

Aufgabe 4

V = 274,625 m³

Aufgabe 5

3,2 m³
6,08 t

Aufgabe 6

a) a = 14,14 cm
O = 1200 cm²
V = 2828 cm³
d = 24,5 cm

b) a = 8,1 cm
O = 394 cm²
V = 531 cm³
e = 11,5 cm

c) a = 4,5 cm
V = 91,125 cm³
e = 6,4 cm
d = 7,8 cm

d) a = 6,0 cm
O = 216 cm²
e = 8,5 cm
d = 10,4 cm

Aufgabe 7

≈ 635,6 m

Aufgabe 8

O = 7988 cm²
V = 30240 cm³

Aufgabe 9

≈ 353,6 cm³

Aufgabe 10

221 kg

Aufgabe 11

≈ 9,9 cm

Aufgabe 12

42 m³
8,4 m²

Seite 44 — 10. Räumliche Geometrie (Stereometrie)

Aufgabe 13

u	12 cm	15 dm	20 m	4,4 m	280 m
h	8 cm	7 dm	7,5 m	1,4 m	3,5 m
G	30 cm	40 dm²	50 m²	40 dm²	135 m²
M	96 cm²	105 dm²	150 m²	6,16 m²	980 m²
O	156 cm²	185 dm²	250 m²	6,96 m²	1250 m²

Seite 44 — 10. Räumliche Geometrie (Stereometrie)

Aufgabe 14
69,32 €

Aufgabe 15
953 kg

Aufgabe 16
2,492 m^3

Aufgabe 17
V = 1140 dm^3

Aufgabe 18
4 kg

Aufgabe 19
2,3 mm

Aufgabe 20
4906cm^2

Seite 45 — 10. Räumliche Geometrie (Stereometrie)

Aufgabe 21
1462,5 Liter

Aufgabe 22
15527 Liter
Mauerwerk 14547 dm^3

Aufgabe 23
O = 942,1 cm^2
V = 1963,5 cm^3

Aufgabe 24
24 Fahrten

Aufgabe 25
131,1 m^2

Aufgabe 26
h = 19,4 cm
O = 371,6 m^2
V = 463,6 m^3

Aufgabe 27
d = 16 cm

Aufgabe 28
V = 259,39 m^3

Aufgabe 29
276212 m^3

Aufgabe 30
O_{Mond} 37958532 km^2
O_{Erde} 511185933 km^2
V_{Mond} 2,3743385 km^3
V_{Erde} 1,0867813 km^3
m_{Mond} $7{,}31 \cdot 10^{22}$ kg
m_{Erde} $6{,}04 \cdot 10^{24}$ kg

Aufgabe 31
d = 10 cm

Aufgabe 32
298416 Tropfen

Aufgabe 33
0,000008333 cm

Seite 47 — 11. Trigonometrie

Aufgabe 1
a) 5,73 cm
b) 6,98 cm
c) $\alpha = 48{,}6°$
d) $\alpha = 48{,}9°$
e) $\alpha = 36{,}9°$
f) 3,44 cm

Aufgabe 2
h = 39,4 m

Aufgabe 3
a) $\gamma = 67{,}05°$
$\delta = 46{,}01°$
$\alpha = 64{,}82°$
b) a = 9,38 cm
h* = 11,05 cm
c) $\beta = 56{,}4°$

Aufgabe 4
443,5 m

Aufgabe 5
36,25°

Aufgabe 6
5,1 cm

Mathe für den Beruf
Alltagsgerecht und anwendungsorientiert – Best.-Nr. 11 704
KOHL VERLAG

Seite 48 **11. Trigonometrie**

Aufgabe 7

$\alpha = 3{,}43°$

Aufgabe 8

$x = 4{,}89$ m
$y = 1{,}78$ m

Aufgabe 9

$\alpha = 36{,}9°$

Aufgabe 10

$h = 32{,}8$ m

Aufgabe 11

38,8 m

Aufgabe 12

$a = 58{,}5$ cm

Aufgabe 13

6,86 m

Seite 49 **11. Trigonometrie**

Aufgabe 14

$\alpha = 60°$, $\beta = 120°$

Aufgabe 15

49,77 m

Aufgabe 16

$\alpha = 47{,}4°$
$\beta = 42{,}6°$
$b = 4{,}9$ cm

Aufgabe 17

$\beta = 103{,}03°$
$\gamma = 99{,}94°$
$f = 5{,}36$ cm
$e = 7{,}52$ cm

Aufgabe 18

Steigungswinkel 9,31360°
Höhenunterschied 1148 m

Aufgabe 19

31 cm

Aufgabe 20

$A = 13{,}04$ cm²
$u = 17{,}82$ cm
$h_c = 3{,}5$ cm
$c = 7{,}45$ cm
$a = 4{,}27$ cm
$b = 6{,}1$ cm
$\beta = 55°$

Seite 50 **11. Trigonometrie**

Aufgabe 21

$\gamma = 59{,}48976°$
$\delta = 120{,}51024°$
$\alpha = 29{,}74488°$
$\beta = 60{,}25512°$

Aufgabe 22

1146,9 m

Aufgabe 23

Höhe des Mastes
78,99 m + 18 m
Länge des Abspannseils
118,05 m

Aufgabe 24

$\alpha = 37°$
$\beta = 22°$
$\gamma = 68°$

Aufgabe 25

1,16 m

Aufgabe 26

3569,2 km